「リアル」を掴む!

慶應義塾大学理工学部教授
ハプティクス研究センター所長
大西公平 著

力を感じ、感触を伝える
ハプティクスが
人を幸せにする

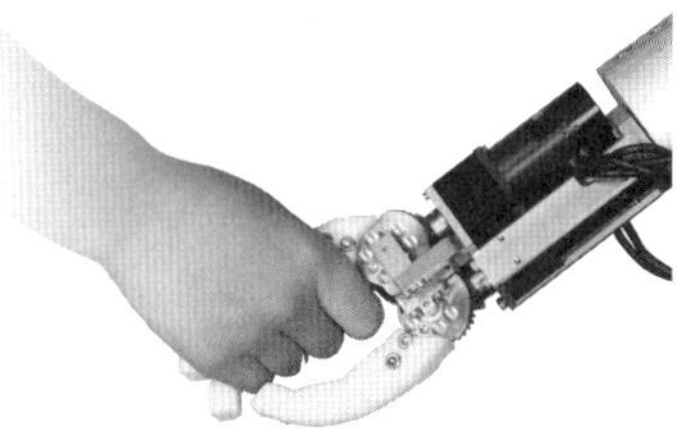

TDU 東京電機大学出版局

著作関連情報サイト

本書で紹介している，義手やロボットの動画，
その他の関連情報をまとめました。
http://www.tdupress.jp/haptics

はじめに

本書は、著者がこれまで受けてきた専門誌や各種雑誌、テレビ・ラジオでのインタビュー、一般講演における質疑応答などにおいて交わされた、素朴な疑問や高度な質問をまとめ、それらが一つの大きな流れを持つように加筆し、再構成したものです。

したがって、その問いかけは、専門家や大学院生から出された高度なものもあれば、専門を異にする現場の開発者の方や、普段は技術的な問題にあまり関心を示されない一般の方などから出された基本的なものまで、多岐に渡るものが渾然一体となって登場します。

そうしたさまざまな問いの中に共通しているのは、「力とは何だろう」「触れるとはどういう行為だろう」というものです。私達には、聞くこと、見ることによって、対象を把握する感覚、いわゆる「聴覚」「視覚」があるのと同じ意味で、力を感じる感覚、すなわち「力覚」、触った感じを捉える感覚、すなわち「触覚」があります。これらをまとめて、力触覚（りきしょっかく）という言葉で表しますが、本書の副題にもなっています「ハプティクス（Haptics）」とは、この力触覚を、力、振動、動きなどを通して、利用者に与える技術です。

古来「百聞は一見に如かず」といいます。これは聴覚よりも、視覚の方が情報の量が多く、「より理解されやすい」ことを表した言葉でしょう。しかし、対象が硬いか柔らかいか、その肌触りは、といったことは、いくら高精細の画像を用いたところで分かりません。ここに力触覚を伝える重要性があるわけです。「ハプティクス」という全く新しい学問分野が注目されている理由です。

一般に理工学に関する著作の内容を、専門的になり過ぎず、かといって表面だけを捉えた底の浅いものに終わらせないように調整することは、なかなかの難事です。加えて、広い層の皆さんに関心を持って頂くためには、大胆な省略を行ったり、身近な体験や具体的な例を引いたりする形で、議論の本質にのみ話題を集中させていくことが必要でしょう。

ましてや、見ても聞いても分からない、皮膚感覚を扱う学問の本質を、著作という紙媒体の上でお伝えすることは、自らの力量を顧みても、まず不可能であろうと諦めていたところ「インタビューの形式を保ったまま、全体を再構成する」というアイデアを出版社からご提案頂き、それならば何とかこの難事に挑むこともできるのではないかと考えを改め、本書ができあがりました。

各章の冒頭は、本書のために新しく行った担当編集者の方との対話が基軸になっています。日吉、溝の口、新川崎という私達研究グループの活動拠点を中心に、周辺の雰囲気も加えてお伝えすることができればと考えました。この本によって、この新しい学問分野に、少しでもご興味、ご関心を持って頂くことができたなら、まさに望外の幸せです。

著者

目次

第一章　柔らかく掴む

幕張メッセで十月四日から七日まで行われた先端技術の祭典「CEATEC2016」において、「慶應義塾大学ハプティクス研究センター」はブース展示を行い、センター長を兼務する大西教授は二度にわたって一般来場者向けの講演をされました。

そのご多忙中の合間を縫って、何とかお話を聞かせて頂けないかと、隣接する国際会議場二階の講演者控室までお邪魔を致しました。まずは、そのときのやり取りからスタートしましょう。

❖ハプティクス義手の衝撃

――ご講演、お疲れ様でした。後ろには立ち見も出る、まさに満員のお客様でしたね。大学やベンチャー企業が軒を並べるブースの中でも、大西先生率いる慶應義塾大学のブースは、一際異彩を放っていたように感じました。マスコミ対応なども含めご多忙中のところ、誠に申し訳ありませんが、本日は記者発表をされた「ハプティクス義手」にテーマを絞って、お話をお伺いしたいと思います。よろしくお願い致します。

大西　こちらこそ、よろしくお願い致します。

――早速ですが、異彩を放っていた、と申し上げましたその理由は、基礎研究を行う大学の研究所の発表であるにも関わらず、すでに実用品のレベルにまで、技術が洗練されていると感じたからなのですが、とりわけ、義手のインパクトには強烈なものがありました。

大西　そうですか、それはありがとうございます。そのように感じて頂ければ、私達の意図が少しでも皆さんに伝わったかと思い、ホッとします。

まず簡単に、ハプティクス義手の置かれた「立場」からご説明したいと思います。

現在、「筋電義手」と呼ばれるタイプのものが多く研究され、実用化もされています。これは筋肉表面に流れる微弱な電流をスイッチとして、ロボットハンドをコントロールするもので、障碍を持たれた多くの方々に福音ともいうべき、機能を果たしていることで広く知られたものです。ただし、誰もがハンドを制御するに充分な電流を筋肉に持っているわけではなく、その意味で使えない方も多いのです。また、その電流は、単なるオン・オフのスイッチとして活用されるものなので、相当に訓練された方であっても、繊細な作業は困難です。

――私も、取材で何度か拝見したことがありますが、今、ご指摘された難しさは確かに感じました。

大西　そして、何より問題なのは、筋電義手には、力のフィードバック、すなわち、硬いのか柔らかいのかといった、対象の力に対する反応が返ってこないので、柔らかい物を強く握って壊してしまうこともあります。これでは、牛乳パックなどのように、持ち方一つで形状や柔らかさが随時変化していくものなどには対応しきれません。そして、こうした問題があることをすでに体験している人は、人と握手をしたり、赤ちゃんを抱いたりする際に、大いに躊躇してしまうのです。

――そこに力触覚、ハプティクスの必要性があるというわけですね。

大西教授講演会の様子

大西　そうです。人が持っている力の感覚「力覚」と、触る感覚「触覚」をまとめて、私達は「力触覚」と呼んでいます。この力触覚がない義手では、対象を「柔らかく掴む」ということができないのです。

ハプティクスとは、もともとは心理学で「相手との触れ合いの中で生じる心理的変化を表現する」ために用いられていた用語で、「接触学」などと訳されることもありますが、工学系では、聴覚や視覚では全く不可能な、まさに文字通りの意味での対象の「力学的反応」を捉えて、機械に柔らかい動きを与える技術全体をハプティクスと呼んでいます。この技術を義手に応用したものが、先にご覧頂いたハプティクス義手なのです。

実際に試してみられましたか?

――はい、実際にやってみました。はじめての割りには、上手く使えたような気がしました。

大西　その点も大変重要な問題を含んでいます。どんな機械でもそうですが、とりわけ、福祉に関わるような機械、あるいは日常的に、それがなければどうしても困るというような機械には、操作が直観的であり、容易であることが要求されます。日常的に使うのだから、少々難しい操作でも慣れるだろうと高を括るわけにはいきません。そうした操作が難しいものは、平時には何も問題になりませんが、人が冷静さを失った緊急時には、役に立たない場合が多いのです。

――非常口などの看板が、誰にも分かりやすいイラストになっているのと同じ意味ですか？

大西　そうともいえるでしょう。前にレバーを倒せば前進、後ろに倒せば後進ならば、平時にも有事にも間違いなく使えるでしょうが、もし、右に倒せば前進、左なら後進という操作盤があったら、緊急時に使いこなせる自信は私にはありません。

――そうですね。私もありません。

大西　レバーを一定の方向に倒すということは前・後でも左・右でも同じですが、その方向に直観的な意味がないと、つまり具体的な行為の方向に沿っていないと、人は間違えてしまうのです。こうしたことから、私達が開発しました義手は、直観的に扱えるように操作が簡略化されています。

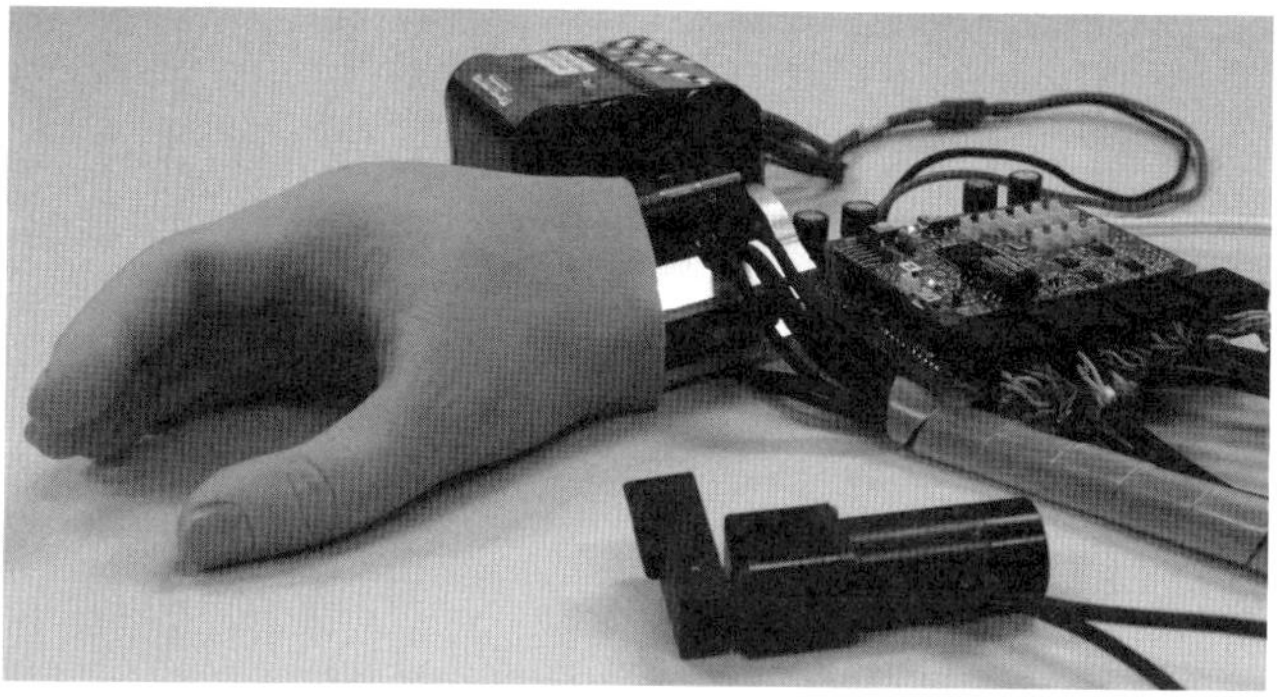

ハプティクス義手

力触覚を持ち、直観的な操作で扱える義手は、世界でもはじめてのものなので、専門家の方も含めてブースに多くの人が集まって頂けたのだと思っています。

❖足で操る手

――力触覚を操る技術的なお話は、またの機会としまして、ここでは今回発表されたハプティクス義手の特徴を、さらに教えて頂きたいと思います。

私は義手のコントローラを手で動かしてみたのですが、デモンストレーション動画の中では、右腕のない女性の方が、足で操っておられました。実際、足で筆を持ち、絵を描かれる方もおられるので、想像以上に、足は機能するものなのかもしれませんが、この辺りの操作性の話を聞かせて頂けますでしょうか。

大西　私達の開発しました義手は……、といいますか、私達が目指しているハプティクスは、操作する方法に依存しないものを常に考えています。

ロボット工学では一般に、操作側と作業側の装置をそれぞれ、マスターとスレーブと呼びます。あまり良い言葉だとは思わないのですが、これで定着していますので、ここでも使わせて頂きますが、日本語の語感からいえば、主人と使用人といった感じでしょうか。義手の場合は、装置そのものがスレーブ、すなわち使用される側であり、コントローラがマスター、すなわち操作側の主体、主人になるわけです。この意味で、私達が開発している装置はすべて、マスター側の形態を具体的に決めておりません。

――それは利用者によって変わるということでしょうか？

大西　そうです。先ほど話に出ましたデモ動画の場合には、被験者の方から「足で操作したい」という希望があり、足の親指で操作できるようにマスターを作りました。もう一方の手が使える方であれば、そちらで操作したいという場合もあるでしょうし、また別の部位、たとえば、極端な例になりますが、耳たぶを自由に動かせる人なら、それで操作することも不可能ではありません。これも在来の義手とは異なる、私達のシステムの長所だと考えています。

――なるほど、利用者は自分の得意な方法で、スレーブ側を操れる自由度があるわけですね。そう

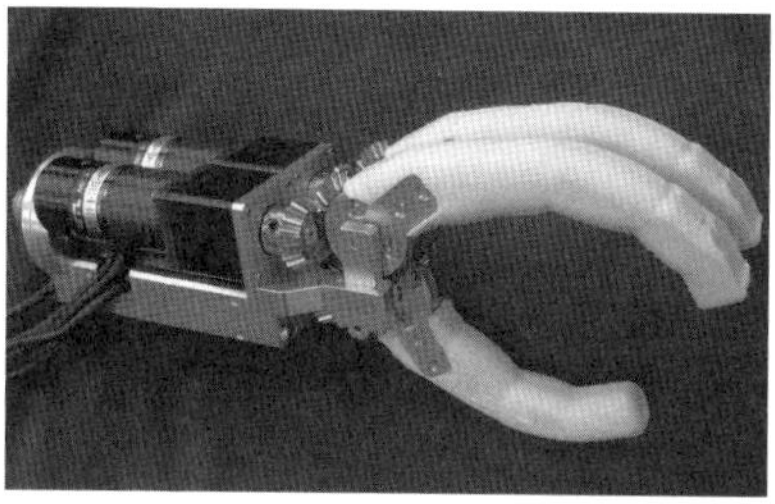

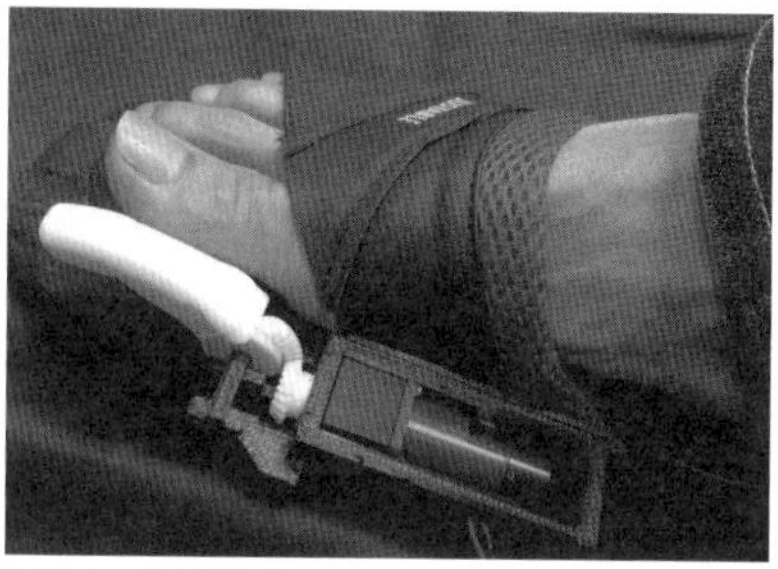

（上）ハンド部
（右）操作部
ハプティクス義手

しますと、障碍の程度や部位に応じて、選択の幅があるということですか？

大西　私達は開発している一連の装置を、究極のものとして考えているわけではありません。すべては発展途上のもの、もっと簡単にいえば、現状のベストを目指してはいても、それはやはり「仮のもの」だろうと考えております。操作性の問題も、この点から発想しています。

――現状のベストは、仮のものですか……。

大西　当然、そうなります。たとえば、義手を例に取れば、筋電義手も一つの立場ですし、私達のものも一つの立場を鮮明にしているだけです。両者はそれぞれに特徴があり、持ち場が別れています。技術は互いに補完するものであって、スポーツの評価のように、一次元的な物差しの上に乗って、優劣が競われるものではないのです。互いに尊敬すべきものですが、どれも究極のものではありません。

もし、本当に究極の義手というものが開発できたとすれば、それは人間の手そのものでなければなりません。それは脳でイメージした通りに五指が動き、力のやり取りがそのまま脳に返り、外見上も機能上も、どこから見ても健常者のそれと区別することが不可能なものでなければなりません。温度も感じなければなりませんし、機構が壊れても、折れた骨が一定の時間が経過すれば自動的に修復されるように、自分自身で直らなければなりません。

これは現状では、到達不可能な目標です。仮にこれが達成できるとしても、それが何百年後の話になるのやら、私には見当もつきません。

――なるほど、そういうお話ですか。ならば今できることは何か、今の技術水準で追求することができるのは、どこまでかという「現状のベスト」の探り合いになるわけですね。優劣を争うのではなく、互いに補完し合う関係であるという意味がよく分かりました。「工学的実現」という言葉が、よく使われるようですが、それにも関係しているわけですね。

大西　おっしゃる通りです。私達技術屋は、ものづくりの立場から問題解決に挑んでいます。一般には「ものづくり」といえば、具体的な機械やシステムを作ることをイメージされているように思いますが、私自身はこれをもう少し広く捉えています。この辺りの話は別の機会に譲りたいと思いますが、今、おっしゃって頂いた「工学的実現」というのは、すべての技術屋にとって最も重要な考え方であって、理論と実践の間を繋ぐ「工学」という立場の生命線でもあるといえます。

❖工学的実現とは何だろうか

大西　この点を、もう少し深い所からお話ししましょう。

――是非、お願い致します。

大西　これは、私の信念のようなものなのですが、工学は「価値を生み出す学問」であり、「人を幸せにするものでなければならない」と考えています。もちろん、ここでは「幸せの定義とは何か」といった哲学的な話に関わるつもりはありません。ここでは、単なる便利を超えた、人生を豊かにするもの、という程度にご理解頂ければ結構です。

ここに「工学的実現」というものが関わってきます。スレーブ側が機械システムとして実現したと仮定しても、それを操るマスター側を私達自身の脳に委ねることは確かに理想的ですが、いまだ脳機能の基本的な部分も理解されていない現状で、身体機能を自由に操る「人と機械のインタフェース」を構想することはできません。

工学を学ぶ人間は、この意味での「納期」について、真剣に考えなければならないのです。

――商品を納入するあの「納期」ですか？

大西　そうです。その「納期」をもう少し拡げて考えて下さい。今、目の前に困っている人がいる。しかし、理想の装置の実現には、あと百年くらいかかるだろう、仕方ないから諦めようでは、工学は人を幸せにすることはできません。百年後を目標にする技術も、当然あって然るべきですが、その一方で、今ある技術や素材でどこまでできるか、一人の人間の人生の中での納期と考えれば、できることは速やかにやって、少しでも前へ進もうとすることこそが、技術屋の心意気だと考えているのです。だからこそ、理工系の学部では、学生にあらゆる場面で「時間厳守」を求めているのです。レポート一つとっても、ただ出せば良いというのではなく、決められた期限の中での最善を提出しなければならないのです。こうした訓練を通して、納期の大切さを理解して欲しいのです。

「工学的実現」とは、理想とは少々違っていても、目の前の問題を解決すること、そして、そこから生じる弊害を最小限に食い止めることだと思います。一長一短で、短が目立つようでは、とても「実現した」とはいえないでしょう。正味の結果をプラスにすること、そしてそのプラスの割合を少しでも大きくすること、理想を掲げながらも、現実的な対応を取ることが、技術屋の考え方であり、誇りとするところなのです。

——そうした立場から、義手のマスター側の処理を考えた場合、今回発表された形態になったということでしょうか？

大西　義手に限りませんが、脳との直接的なやり取りは魅力的ですし、大いに研究され開発されていく必要はあると思います。しかし、そこまで一気に辿り着けなくても、力触覚を工学的に実現することで、現状は遙かに改善されるというのが、私達の立場です。

——それが現状のベストということでしょうか？

大西　ベストだとは思っていませんが、発想を転換することによってこれまであまり考察されなかった、考察はされても工学的実現にまで至らなかった所に、ようやく斬り込むことができたと考えています。

たとえば、力触覚を実現するスレーブがあったとしても、その出力をすべてコンピュータで処理することを考えれば、これまた現実的ではない世界に迷い込んでしまいます。硬いか柔らかいかを判別する機能を取り込んだ義手であっても、その判断と次の動作への準備を計算機に肩代わりさせ、その最終的な指令だけを人間が与えようと思っても、それは相当に難しく、現状では実用的なものにはなりません。

――二足歩行のロボットなども、計算機の発達によって、より確実に、あるいはより容易に実現したという話を聞きます。

大西　そうです。もし、計算機システムの発達が遅れ、処理速度が今のように上がっていなければ、二足歩行のロボットは、体重移動に伴う次の一歩を計算することができず、たちまち倒れてしまったでしょう。人間がやっていることは、それが極めて簡単な動作であっても、計算機処理の形で書き直すと、まだまだ処理しきれないほど膨大なものになってしまうのです。

そこで私達は、「人間から計算機へ、そして再び人間へ」と処理を戻すループを取らず、人間から人間へと直接返す方法を採用しました。それが「足で手を操る」という方法の本質です。

――なるほど、なるほど、硬いか柔らかいかは、人の判断に任せれば、計算機の処理は無用であり、そもそも人の直観にも反しない、ということですね。

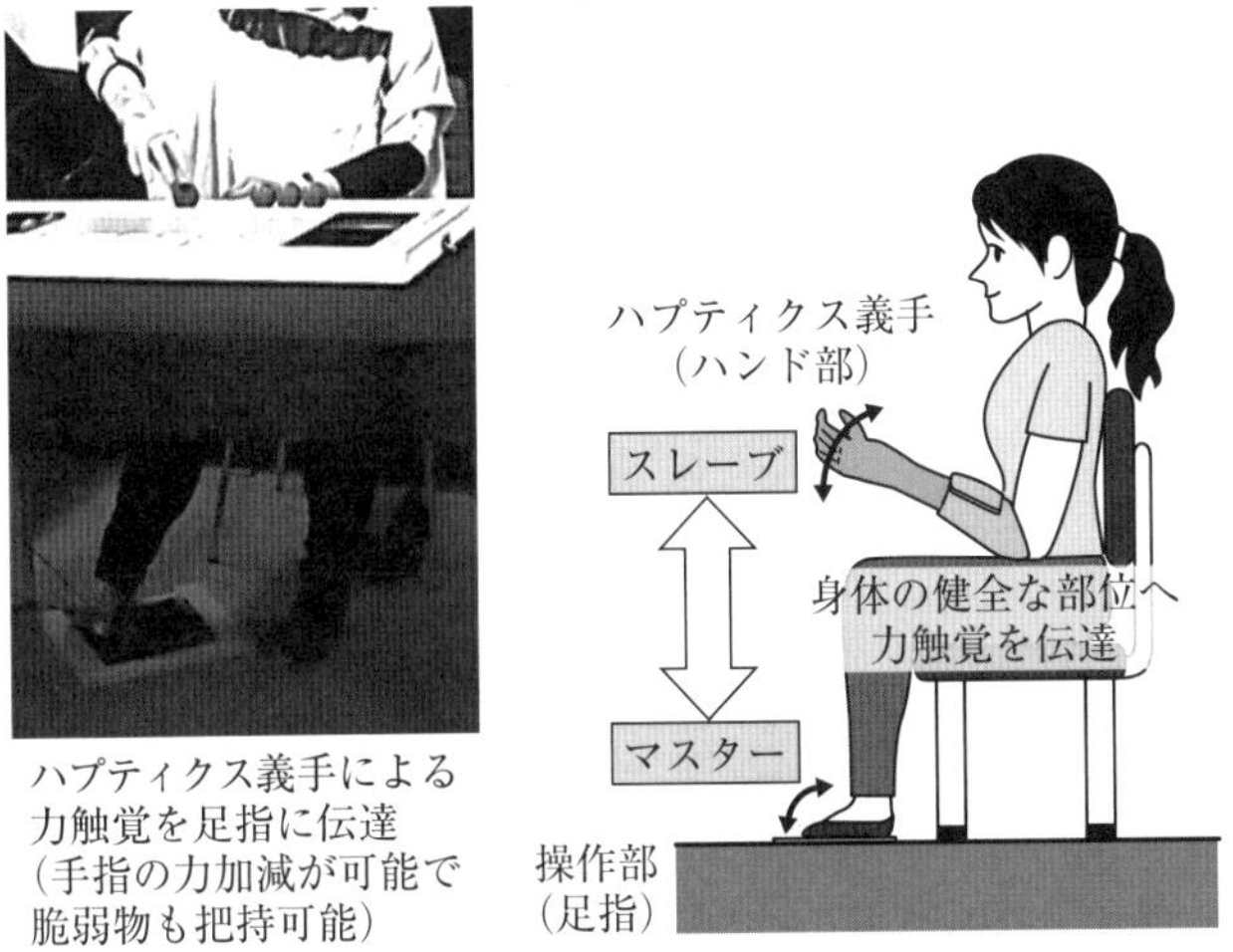

力触覚の健常部位への伝達

大西　そうなんです。人間は、工学的には実に難解な問題である、材料の破壊限界などを、実に簡単に推測します。割り箸を掴んで曲げている間に、どの辺りまで力を入れれば、折れてしまうか、折れたものが自分に向けて飛んでこないか、といったことを瞬時に読み取ります。

だったら、そうした難しい処理は人間に返して、その本能を最大限に活用した方が、現実的だし「工学的実現」の立場に叶うということなのです。だから、私達の義手は、マスター側の操作部位を特定しないままで提供することができるのです。足が得意な人は足で、もちろん手でも、脇腹の屈伸でも何でも構いません。人間の身体の中で、手と同様に硬いか柔らかいかを判断して、その情報を脳にまで戻せる部位は非常に多くあります。「人間から一旦計算機へ」ではなく、一人の人間の中で、部位から部位へと力触覚を伝達することで、現状で解決困難な問題の多くが、自らの脳自身に委ねられるわけです。

❖学生のアイデアが活きる時代

――ここまでお話を伺って、私自身はじめてなのに、なぜ義手を扱うことができたのか、その謎が解明できたような気がします。直観的な操作性の問題もあるでしょうが、「人から人へ」の直接的なアプローチが、先生方のご研究の核心部分にあるわけですね。

大西　そこが一つの重要なポイントです。「工学は人を幸せにする」ということを申し上げました。それは私の場合、目の前にいる困っている人の力になりたいということです。これは私達の研究グループに属している誰もが持っている問題意識でもあります。この点は上手く共有されていると思います。むしろ、共通点はこの一点だけかもしれません。私自身は、共同研究者や学生諸君から教えられることの多い、先生というよりは研究仲間なので、皆さんと一緒に自由に考えていこうということを研究室の方針としています。

――今回の義手に関しても、驚くべきことを伺ったのは、この試作機を開発されたのが、学部の四回生だということでした。私自身の経験に照らしていうのは、あまりにレベルが違い過ぎて失礼だとは思いますが、卒業研究が直ちに実用化されるレベルにあるというのは、驚異的としか申し上げられません。

大西　ありがとうございます。これは実際、私自身も驚かされたことでした。先にも申し上げました通り、私の研究室では、学生の研究テーマは自分自身で考えることが前提になっています。学生の自発性とは、こういった場面でこそ発揮されるべきものです。その自発性の現れ方に、その人の個性が存分に現れてきます。

まずは、それぞれに勝手な希望を出してもらいます。それも一つや二つではなく、所属する学生同士で、何十にも及ぶテーマを自由闊達にやり取りをして、その実現の可能性を探っていくのです。もちろん、現実的な問題だけにこだわる必要はありません。将来を見据えた、今は荒唐無稽に見えるようなものでも、学生の感性はしっかりとそれを捉え、これは面白いと興奮して語り出してきます。その面白さが、私自身に共鳴して、日々驚かされているのです。まさに教師冥利に尽きる瞬間です。

――それだけ優秀な学生諸君が集まっているということなのでしょうか？

大西　もちろん、彼等はそれなりの学力を持っていますが、それを優秀という言葉で表すのは、何か違う気がします。そんなことより、ものづくりを楽しむ気質を持った人が多いように思います。なんでもかんでも面白い、楽しいといっている中に、本当に面白く楽しくなってくるようで、誰に強制されているわけでもないのに、研究室は夜遅くまで、活気を失うことがないのです。

何かを学ぼうとするためには、それに永続的に取り組まなければなりません。そして、永続的に取り組むためには、そこに驚きや感動がなければなりません。どうも物事に驚いたり、感動したりするのは、その人の才能のように思うのです。なぜかといって、これは教えるわけにもいかず、「こうすれば感動できる」というマニュアルがあるわけでもないからです。その意味では、私の研究室に来られる方は、物事に素直に驚く人達が多かったように思います。

――学業の優秀さではなくて、驚く才能、感動する才能に秀でているということでしょうか。確かに、会場でこの義手を見ていた人達にも、声を挙げて驚く人もいれば、ポカーンとしている人もいました。もちろん、驚きすぎて声が出ない場合もありますが……。

今の世代の学生は、恵まれ過ぎているという声もあります。それが驚きや感動を奪っているのかもしれませんね。

大西　実際、私達の世代とは違って、今は色々な面で恵まれています。電子回路一つ設計するにも、ソフトもハードも揃っています。かつては企業でしかできなかったようなことも、学部生が簡単に学んでできるようになっています。そこで問われるのは、学生自身のアイデアだという時代になっているのです。研究室の古株連中には「大西先生は元気過ぎて……」といささか顰蹙《ひんしゅく》を買っているようですが、その元気の元を絶えることなく供給してくれているのは、間違いなく彼等自身なのです。ただ、恵まれていることが、すべてプラスに作用するとは限らないのが、人生の難しいところでもありますから、その辺りは学生諸君にとっても、教育者にとっても今後の課題になるでしょう。

――そのアイデアがハプティクス義手に結実したということですね。

大西　詳細は別の機会にしたいと思いますが、力触覚を操る基本的な技術は、私達の研究室で開発しました、この20㎜角のワンボードコア……、私達はこれをABCコア（ABC－CORE）と呼んでいますが、すべてはこの中の半導体に含まれています。毎年毎年、小型化をはかってきて、今はこの大きさに落ち着いていますが、今後さらに小さくすることができるでしょう。こうした小型化、省電力化のおかげもありまして、先ほどご覧頂きましたように、マスター側に附随する装置は極めて小さく、電源を含めても小さなポーチに入る程度にまで絞り込むことができました。

コアに含まれた一連の技術の全体は特許になっており、慶應義塾大学が保有しています。日本発の独創的技術であると自負していますが、これはこれまで縁あって私の研究室に集まってくれた三百名に及ぶ学生諸君のすべての研究が統合された結果なのです。彼等自身は、小さな仕事だと思っていたかもしれませんが、どれ一つ欠けても、今日の結果には至っていないと思います。
こうした積み重ねの上に立って、これをいかに使うか、いかにして人間社会に有用なものとして応用していくかという点のみにフォーカスして考えることができたため、極めて短期間で、目を見張るような成果を出す人も出てきたわけです。

——具体的には二か月半で、試作機を開発されたと聞いています。

大西　もちろん、先ほど試して頂いたような所まで一気にできたわけではありませんが、それでも開発を始めてから、まだ一年ほどしか経っていません。このスピード感もまた、工学的実現に必須の要件だと考えています。大学は自由に研究することができる、非常に大きなメリットを持った組織ですが、その一方で、でき上がった成果を速やかに世に問うていくということが苦手です。この点は、改善していかなければならないと考えています。そうした反省の意味も込めて、今回は研究成果の速やかなプレゼンテーションを企画したわけです。
一つ工学的なブレイクスルーが達成されれば、そこから波及する「工学的実現」はまさに数えられないほどの量に達します。私達は、力触覚を操る基盤技術を元に、困っている人達を助け、社会をより暮らしやすいものに変えていくことを自身の喜びとするような集団でありたいと常に願っています。これは理学・工学系の人間には、ご理解してもらいやすいと思うのですが、自分が作った

（a）ABC コア（20mm 角）　（b）ABC モジュール（37mm × 45mm）
慶應義塾大学ハプティクス研究センターと東芝マイクロエレクトロニクス株式会社システムデザインセンターで共同開発したハプティクスモジュール

理論やデバイスを、ほかの人が嬉しそうに使っているのを見ることが、無上の喜びなのです。

――それはよく分かります。自分の作品やアイデアが拡がっていく実感を持てれば、それはそのままその人の生き甲斐にもなるでしょうね。

大西　ですから、本来は開発したものを特許などでガチガチに護っていくというのは、こうした趣旨にも反するのですが、今はもうそんな夢想的なことはいっていられない時代になってしまいました。何しろ、盗んだ方が先に特許でも取得してしまえば、開発した本人がそれを自由に使えないというトンデモナイことが起こるわけです。また、意図しない方法で使われる可能性も排除できません。誠に残念ながら、これは特異な例ではなく、私達の身のまわりでも起こっている現実なのです。

　したがって、共同研究を行う場合でも、相手側の技術力や資金力といったものよりも、その志こそが基準になってくるわけです。「技術の力で社会を暮らしやすい良いものに変えていこう」というこの一点を共有できない限り、共に歩むパートナーにはなりえません。

——そうですね。特許や商標権の問題で、信じられないようなことが起こる時代になっていますから、何かを独占するためではなく、不正から身を護るための術として、絶対に必要ですね。

❖柔らかいロボット

——義手を試してみて驚いたことは、単純なスティックの操作で、親指、人差し指、中指の三本が連動して動いたことでした。紙コップを持ってみたときに、その動きがハッキリと見えて、少々気味悪くも感じました。

大西　そこに気付いて頂けると、開発者冥利に尽きますね。

——事前にプログラムされたような動きではなかったですから、そこには何か制御システムとしての工夫があるわけですね。

大西　そうです。各指の位置関係だけから推量して、それぞれの指を曲げていく方法では、千変万化する外界に対応することはできません。

現在のロボットは、繰り返し動作の再現は得意ですが、周囲の環境に触りながら作業することは苦手です。もし、ロボットが脆くて柔らかいものに対しても、優しく触れるなら、家庭、病院、学校など人手に頼る所で歓迎されるでしょうし、経験者不足が問題となっている作業現場においても活躍することでしょう。

——「産業用ロボット」がこれだけ定着しているのですから、「家庭用ロボット」がもっと普及してもいいはずなのに、なかなか上手く拡がっていかない理由は、こういった所にもあるのですね。図体の大きな、硬い材料でできたロボットが家庭に入ったとしても、まるで冷蔵庫が歩いてくるようで、とても馴染めないだろうなと考えていましたが、単にロボット本体を軟質素材で作ったところで、力触覚のないロボットでは、やはり危なくて使えないということなのですね。

大西　そこが一番大切なポイントです。現代人は、日常のあらゆる場面で機械に囲まれて生活しています。しかし、これら機械と私達人間は、常に危険な関係にあります。たとえば、自動運転がなされているエスカレータやエレベータなどを考えてみて下さい。自動ドアや自動改札などでも同じことです。こうした機械は、プログラムされた通りに動くだけで、「人間の事情」に配慮はしてくれません。指や腕を挟み込んでも、直ちに止まってくれるかどうか。各種センサーに頼ったさまざまな安全装置が工夫されていますが、これらは通常、人と物を区別して作動しているわけではないのです。

――車でも自動停止装置が開発されているようですが、あれも人の存在というよりは、障害物の一つとして反応しているわけですね。

大西　仮に工場で使うロボットに限定しても、「触る」という基本機能を欠いた現在のロボットでは、組立作業や段取り作業などに導入することは困難で、生産過程の隘路《あいろ》の一つになっています。もし、ロボットが人間のように柔らかいものでも固いものでも触れることができれば、このような作業の自動化も可能になるでしょう。

――なるほど、触る機能のないロボットでは、家庭用はもちろんのこと、産業用においても、その作業範囲を大幅に狭めているわけですね。

大西　ロボット工学では、置かれた環境と優しく接触して作業する技術を、特にソフトロボティクスと呼んでいます。ここまでに申し上げましたように、この用語はコンピュータのソフトを活用す

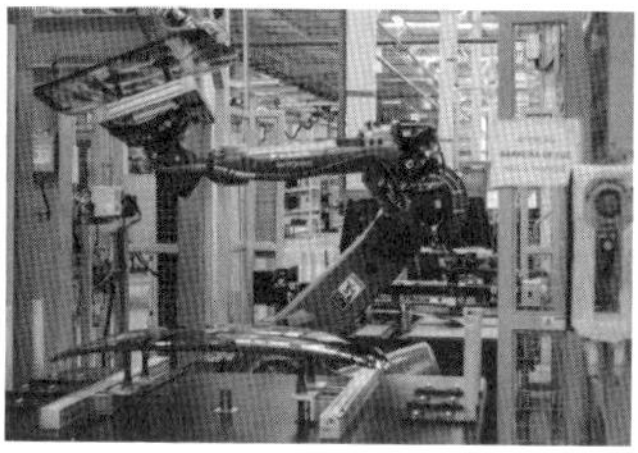
［写真 ©YASUYOSHI CHIBA / AFP］

プログラムされた通りに動く機械

るという意味ではなく、環境に順応し、環境を壊さず、その結果、自らも壊さないロボット、その働きの柔らかさ（ソフト）を表現したものです。私達が目指しているのは、環境を読み取り、自ら変化する柔らかい機械、柔らかいロボットなのです。

最近、私はこれを「負ける・負けない」という言葉で表現しています。すなわち、環境に順応するロボットを、環境に「負ける」柔らかいロボット、環境を壊してでも我が道を行くロボットを、「負けない」硬いロボットと呼んでいるのです。負けるロボットは融通無碍な世渡り上手、負けないロボットは相手のいうことを聞かない頑固者といった感じです。

――なかなか面白い表現ですね。周辺の環境を「対話の相手」と見なせば、これは話し合いができる人とできない人の違いに相当するでしょうか。ならば、これは「譲る・譲らない」とも表現できそうですね。

確かに、絶対に負けない人、絶対に譲らない人の近くには行きたくないな。

大西　そうです、そういうことです。この「負ける・負けない」「柔らかい・硬い」という言葉は、実は私達が研究しておりますすべての問題を強く強く支配しています。このことさえ分かって頂ければ、後の話はオマケのようなものです。したがいまして、何度も繰り返しお話しして参りたいと思います。実は凄く簡単な話なのですが、あまりにも簡単であり、また日常的な話なので、かえって誤解される方が多いようなのです。

——そうですか。取りあえずここでは、ソフトロボティクスでいう「ソフト」とは、コンピュータ「ソフト」を使うことでも、軟質素材を使うことでもない、「動きの柔らかさをいうのだ」ということだけは、しっかりと確認しておきたいと思います。

❖連動する指

大西　力触覚を有するハプティクス義手は、環境に順応する柔らかいロボットです。連動する指の動きは、力触覚情報を参照しながら、三種類の動作モードに分解されて、そこから望ましい動きが導き出されます。このモードの切り替えにより、異形物に対しても自在に対応することができるのです。紙コップの場合であれば、それを主に掴むのは、親指と人差し指のペアになりますが、そこでソッと添えるように、中指がコップの腹に向けて動き出したはずです。

――はい、実際そんな感じでした。

大西　こうした一連の動きを、紙コップの置かれた場所やその形状といった、位置に属する情報だけで実現することはできません。まずは動いてみる、そして相手に接触するまで動いた結果、相手の硬い柔らかいを自ら判断して、適切な握力を導き出すのです。その力触覚の情報が、マスター側にまで戻ってきますから、私達は紙コップの柔らかさを実感しながら、それを壊さないように、入っている中身をこぼさない程度に、上手くホールドすることができるわけです。

――力触覚を共有するということが、すべてに影響していくわけですね。

大西　その通りです。三本の指の動きの全体は、三要素を表現する空間、すなわち三次元の空間上に表されますが、マスター側での操作はスティックの一次元運動でしかありません。マスター側とスレーブ側が異なる次元を有しているので、一対一の対応関係としては、操ることができないのですが、把持操作に特化するのであれば、そうした必要はないというのが、私達の結論です。実際、三本の指が完全に独立して動くことが要求されるような作業、たとえば、ピアノを弾くことなどは、このシステムでは難しいわけです。

――その結果、マスター側の構造が非常に簡単になったわけですね。

大西　はい、私達は腕を伸ばしたり、足を伸ばしたりするときに、肘や膝をどの程度曲げて、手首はどうして、足首はどうしてとは考えていません。まさに「伸ばそう」という意識だけで、手足を操っているように感じています。それら細部の連係動作は、意識の上には昇ってこないのです。したがって、各指の連係動作もまた、力触覚情報を元にした制御システムの問題に繰り込んでしまい、「掴む・離す」といった一次元的な命令で、外界に順応する機能を持たせることができれば、それで充分実用になるわけです。そして、どれくらいの力で掴めばいいかという判断は、私達自身の脳に処理させているということです。

その結果、マスター側に非常に直観的な操作感を持たせることができました。最初に、「はじめてなのに直ぐに使えたのは不思議だった」とおっしゃって頂きましたが、それが私達人間の直観に沿ったシステムになっていたからこそであると考えています。

――力触覚とは、単に力の感覚を伝えるというように留まらず、人間の認識の部分にまで影響を及ぼし

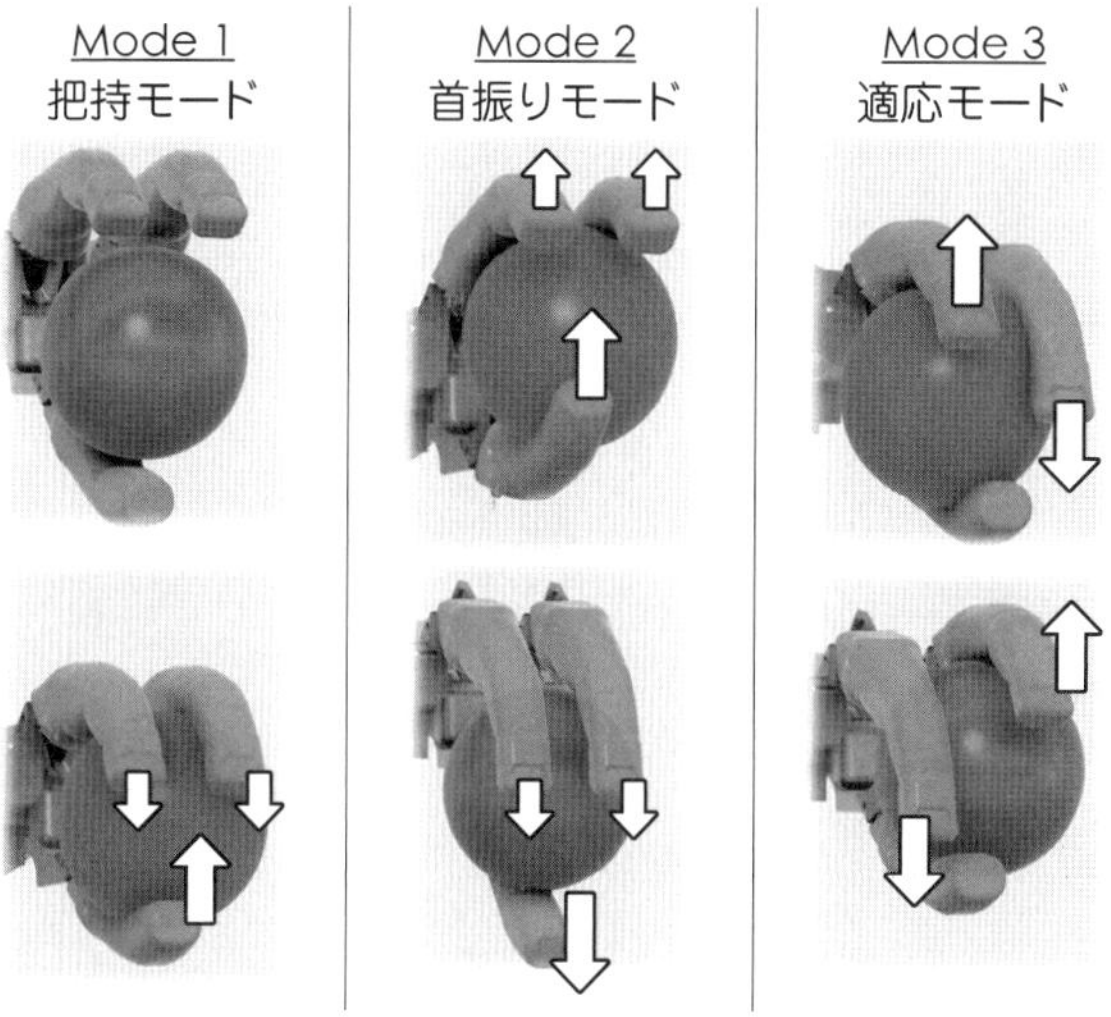

三種類の動作モード

ているということでしょうか。実際、義手を動かしてみるまでは、単なるマネキンの手に過ぎないものなので、特に印象はありませんでした。複数の義手が並んでいても、それは手袋が並んでいるのと同じことで、不思議とも何とも思わなかったのです。

ところが、一旦これが動きだし、特に何かを掴もうと指が連係し出した瞬間に、何ともいえない気持ち悪さを感じはじめました。まさに人の手に見えだしたのです。私達は、それを姿形により判断しているのではなく、機能によって判断しているのですね。

大西　まさに、おっしゃる通りだと思います。私達も開発中に、そのような独特の感情を抱く瞬間があります。大脳生理学では、どのような言葉づかいをするのか知りませんが、私達は、

「人は形ではなく、対象を機能、あるいは行為で判断している」という実感を持っています。

❖事前学習無用のロボット

大西　ところで、先に「ナットを回すロボット」の動画もご覧頂いたことと思います。

――はい、大きなナットも、小さなナットも、六角形の板も円板も、それらの差をまるで意識させることなく、自然に回転させて外していくロボットですね。

あれも不思議な動きをしていました。一本指の多関節ロボットでしたが、何か妙に艶めかしいというか、絶妙の動きをしていました。明らかに人間のものではない形態をしているのに、そこに人間を感じてしまう不思議といいましょうか……。

大西　義手の指先の動きと同様に、あのロボットもまた、事前に決められた動きによって、機能しているのではない、ということです。この点だけは、本日の締めとして是非とも理解して下さい。産業用ロボットなどで、よく「ティーチング」などという言葉が使われますが、あのロボットでは、それを一切していないのです。

ナット回しロボット。ナットの形状が変わっても問題なく回せる。

――ティーチングとは、ロボットに作業工程を教え込む作業のことですね。コンピュータを利用して細かく指定したり、あるいは、直接ロボットの腕を動かしたりすることで、作業の内容を記憶させ、その通りに動くように「教育」するわけですね。これはロボット側から見れば「ラーニング」、すなわち「学習」ということになりますか。そうしますと、あれは「事前教育・事前学習無用のシステムである」ということになりますね。

大西　そうです。あのロボットに教えたのは、「そこにあるナットを回転させること」だけなのです。唯一このことだけを学んだロボットは、それ以後の異なった形状のナットに対して、自らその形を学んでいったのです。

この点をよく誤解されるので、ここで少し強調させて下さい。これは「人工知能」といった意味での学習ではなく、柔らかいロボットが持つ「独特の学習能力」なのです。知識をベースにした「知性派」ではなく、「実践派」「行動派」なのです。通常の産業用ロボットなどにおけるティーチングの結果とは異なることを、何より理解して下さい。なぜ、そんなことができるのか、なぜ、教育も学習もせずに、臨機応変に環境の変化に対応できるのか、この点こそ柔らかいロボット、力触覚を持つロボットの最大のセールスポイントなのです。

――学習というよりも、むしろ発見といった感じでしょうか。「できるかできないかを考える前に、まずはやってみろ！」といった感じで、「やったらできた」というような……。

大西　おっしゃる通りです。先にもお話ししました通り「まずは動いてみる」、力触覚があるロボットはこれができるのです。これは、場所を指定しているのではなく、力を指定しているからこそできることなのです。「決められた場所にナットがある」と教えるのではなく、自分からアプローチした結果、何かに接触すれば、すなわち自分の力が跳ね返されれば、「それがナットというものだから、取りあえず回しておけ」といった教え方をしているわけです。

その結果、ロボットは完全に空振りするまで、ナットを探し続けます。そして、そこにもし何かがあれば、その形状とは無関係にそれを回そうとするわけです。これがいかなる形のナットにも速やかに対応して、同一の作業を続けられた理由なのです。

実は、これは私達人間のやり方そのものです。たとえば赤ん坊は、ボルトやナットが何を意味するのかも知らない中から、それを組合せる、はめてみるということにチャレンジしますね。

――なるほど、なるほど。私達は直接は見えない場所、たとえば机の裏側や箱の底など、また暗闇でさえも、そこにナットがあることさえ分かれば、手探りでそれを回すことができますね。そうした行為の本質は、力触覚にあるということなのですね。

まさに世界を股に掛けて活躍されておられる先生は、文字通りの実践派、行動派……ということになれば、先生ご自身が「柔らかいロボットだ」ということにもなりますね。

大西　いやいや、実践派には間違いありませんが、結構な頑固者で、その意味では充分「硬い」かもしれません。

――ハプティクスが近い将来「五十兆円産業」になるといわれている、そのポテンシャルの高さが、ホンの少しですが、分かってきたように思いました。本日はお忙しい所ありがとうございました。

第二章　遠くから掴む

今回は、慶應義塾大学日吉キャンパスにお邪魔して、お話を聞かせて頂くことになりました。駅直結ともいえるキャンパスは通学に便利なだけではなく、全体が大変美しく調和していました。メインの通学路を彩る並木を愛でながら、待合せ場所である学内レストランへと向かいました。

❖リアルの由来

――本日も、よろしくお願い致します。

大西　こちらこそ。前回は、イベント会場の控え室ということもあって、少々声を張ってしゃべる必要がありましたが、今日はこのように大変静かな環境なので、その必要はありませんね。まあ、あまりボソボソしゃべっていると、好からぬ相談をしているようで、怪しまれるかもしれませんが……。

　ここ日吉キャンパスは、私達理工学部の人間にとりましては、まあアウェイといいますか、少々肩身が狭いところなのですが……私達の本拠地は、ここから歩いて15分ほどの矢上キャンパスにあります。さらにその向こうには、新川崎のキャンパスがあります。駅から来られるお客様に取りましては、こちらの方が圧倒的に便利なので、本日はここを選ばせて頂きました。

――色々とお気づかい頂き、ありがとうございます。

　さて、今回は、遠隔手術の話題を中心に伺って参りたいと思います。前回同様、原理的な問題は宿題として残し、周辺知識を増やすことからはじめたいと思っております。まずは、ハプティクスの定義や関連する用語など、復習の意味も込めて、この辺りから教えて下さい。

大西　分かりました。ハプティクスという言葉そのものは、以前もご説明させて頂きましたように、力触覚を利用者に与える技術全般を示すわけですが、これはコンピュータの仮想空間内での問題、すなわち人工的な力の処理の問題も含んでいます。そこで実際の世界、私達が知覚している「現実の力」のやり取りを扱う場合には「リアルハプティクス」であるとか、「リアル・ワールドハプティクス（実世界ハプティクス）」であるとかいった用語を用いて、対象を限定します。すなわち、先日ご覧頂いた義手のような場合には、リアルハプティクスに関する研究というわけです。これを短くRHと略記する場合もあります。したがって、単にハプティクスとだけ書いた場合には、リアルもバーチャルも含む一番広い用語ということになります。

──そういう意味だったのですか。義手を実際に使わせて頂いたことで、力触覚の具体的なイメージは得ていましたので、それに加えてリアル・ワールドという言葉が附随している意味が、よく掴めなかったのです。

大西　そうでしょうね。通常の世界、今、椅子に座ってお互いに話をしている世界のことを、取り立ててリアルであるという理由はないですからね。ただし、研究者の立場からみれば、コンピュータ内の、「何でもあり」にも感じる世界とは異なる、本物の世界の問題、より面倒な問題を扱っているんだ、というささやかな自負のようなものが、言外に含まれているかもしれません。

――なるほど、リアルにスッキリしました。

大西　私達が新川崎キャンパス内に立ち上げた「ハプティクス研究センター」も、そのターゲットは「リアル」です。実際、その挨拶文には、『リアルハプティクスの時代を拓く』と題しまして、

『ハプティクス（Haptics）』とは、「利用者に力、振動、動きなどを与えることで皮膚感覚フィードバックを得る技術」であると国際ハプティクス学会で定義されています。一般的には仮想モデルによって仮想的な力覚を実現する技術であるといえます。一方『リアルハプティクス（Real-Haptics）』は「現実の物体や周辺環境との接触情報を双方向で伝送し、力触覚を再現する」技術です。

と書かせて頂きました。また、その末尾には「ハプティクス研究センターではリアルハプティクス技術の実用化・展開および持続的な成長を目的とし様々な取り組みを

行っていきます」との一文を添えています。

❖テレの由来

大西　もう一つ私達の重要なテーマになっているのが、「テレ・ハプティクス」です。これは「力触覚の伝送」ということを表しています。

――テレフォンや、テレビジョンと同じ意味の「テレ」と考えてよろしいでしょうか？

大西　そうです。音を表すフォン、映像を表すビジョン、それぞれに遠隔という意味を持つ接頭語「テレ」を加えてできた言葉です。ほかにも「テレ」がつく言葉は色々とあります。本日のテーマでもある遠隔手術は、「テレ・サージェリィ」といいますね。

少し先走りますが、遠隔手術とハプティクスには、直接の関係はありません。今、行われている遠隔手術、あるいは、それを行うシステムの主流には、力触覚の考え方は取り入れられていません。私達は、そこに貢献していこうとしているわけです。

――なるほど、だから「テレ・ハプティクス」をテーマとされているわけですね。

大西　そういうことになります。言葉の定義に執着すれば、近くても遠くても、有線でも無線でも、力触覚を別の場所で感じられるようにするシステムは、すべて「テレ」ということになります。したがって、義手も部位から部位への力触覚の伝送ですから、そう称することも可能ともいえますが、私達はネット回線などを用いたレベルのものを、想定してその名で呼んでいます。実際、遠距離で可能であれば、近距離には何の問題もないわけですから。

ところで、五感という言葉をよく使いますね。

――ええ、「もっと五感を研ぎ澄まして聞け」などといって怒られることもあります。

大西　「全神経を集中して聞いて欲しい」などということも……私もいったり、逆にいわれたりもしますが、五感、いわゆる「聴覚・視覚・触覚・味覚・臭覚」を総動員して、事に当たって欲しいということですね。人間の感覚を表現するのに、この五分類は非常に便利なのでよく使われているわけです。これらをより細かく分類する流儀もあるようですが、ここではこの五つで充分です。

——ほかにも細かい分類があるのですか……。

大西　そのようです。ここでは、人間が現実の世界に関わるに際して、常に頼りにしているこの五つの感覚について考えましょう。味覚と臭覚は、直接的な動作に関わらないと考えられますので、実際にはさらに絞り込まれて、最初の三つになります。

——聴覚・視覚・触覚ということですね。

大西　はい、そして聴覚と視覚は、前にもお話ししました通り、すでに私達は自由に操っているといえる段階まで来ています。残るは触覚です。

——俗に「百聞は一見に如かず」といいますが、聞くでもなく見るでもない、触れるという問題を扱うことの難しさは、先生方が日頃から取り組んでおられるところですが、今回私どもは、本という言葉の世界でこれを表現する難しさに苦しんでおります。

大西　「百聞は一見に如かず」に揃えるなら、「百見は一触に如かず」ともいえるでしょう。確かに百×百ということで、万言を費やすよりも、実機を触って頂きたいとは思いますが、それでも言葉には言葉の強みがあると思います。

　ところで、ハプティクスは、経済の方面からは「感覚技術最後のブルーオーシャン」とも呼ばれていますが、ご存知でしょうか。

❖蒼き海を行け

――話には伺ったことがあります。過酷な競争がある市場をレッドオーシャン、それに比較して未開拓の市場をブルーオーシャンとたとえているのですね。確かに、鮮明な力触覚の再現や伝送は先生方のグループが成功するまでは、世界のどこにもなかったわけですから、全く無人の野を行く独り勝ち、総取りの市場独占も可能なわけですね。

大西　そうですね。市場の独占だとか総取りだとかいう結果の話ではなく、まずはこの分野が「ブルーである」ことに、一人でも多くの起業家の方に気づいて欲しいと思っております。今なら、大企業ではなくても、技術力と発想さえあれば、世界の第一線で勝負できる製品を作ることができるのです。特に、日本発の技術であることから、国内の中小企業の方々との連携は、とりわけ密に取っていきたいと考えています。これも一つの「地産地消」です。

詳細は日を改めてお話しした方が適当だと思いますが、日本の産業構造や、これまでの成功事例に縛られず、俊敏な反応が期待できるのは、やはり確かな技術を持つ地場の中小企業なのですから。

――テレビや新聞などでは、日本の将来に対して、どちらかというと、ネガティブな話ばかり聞かされることが多いのですが、技術の「地産」、応用としての「地消」が実現するなら、これほど素晴らしい話はないですね。

大西　しばしば大学の研究に対して、「何の役に立つか」という類いの質問を頂戴しますが、私達は原理的な問題を解決することと、それを応用してより暮らしやすい社会を目指すことの両面に意識を注いでいます。注いではいますが、しかしいくら意を払ったところで、それには明らかな限界があります。やはり、現実の問題として、「今こういう問題で困っているんだ」というお声を頂戴することが一番大切ではないかと考えています。我が国の問題は、我が国で解決する。問題が地産なら、解決も地消で、日本の技術で成し遂げたいというのが、私達の強い希望なのです。

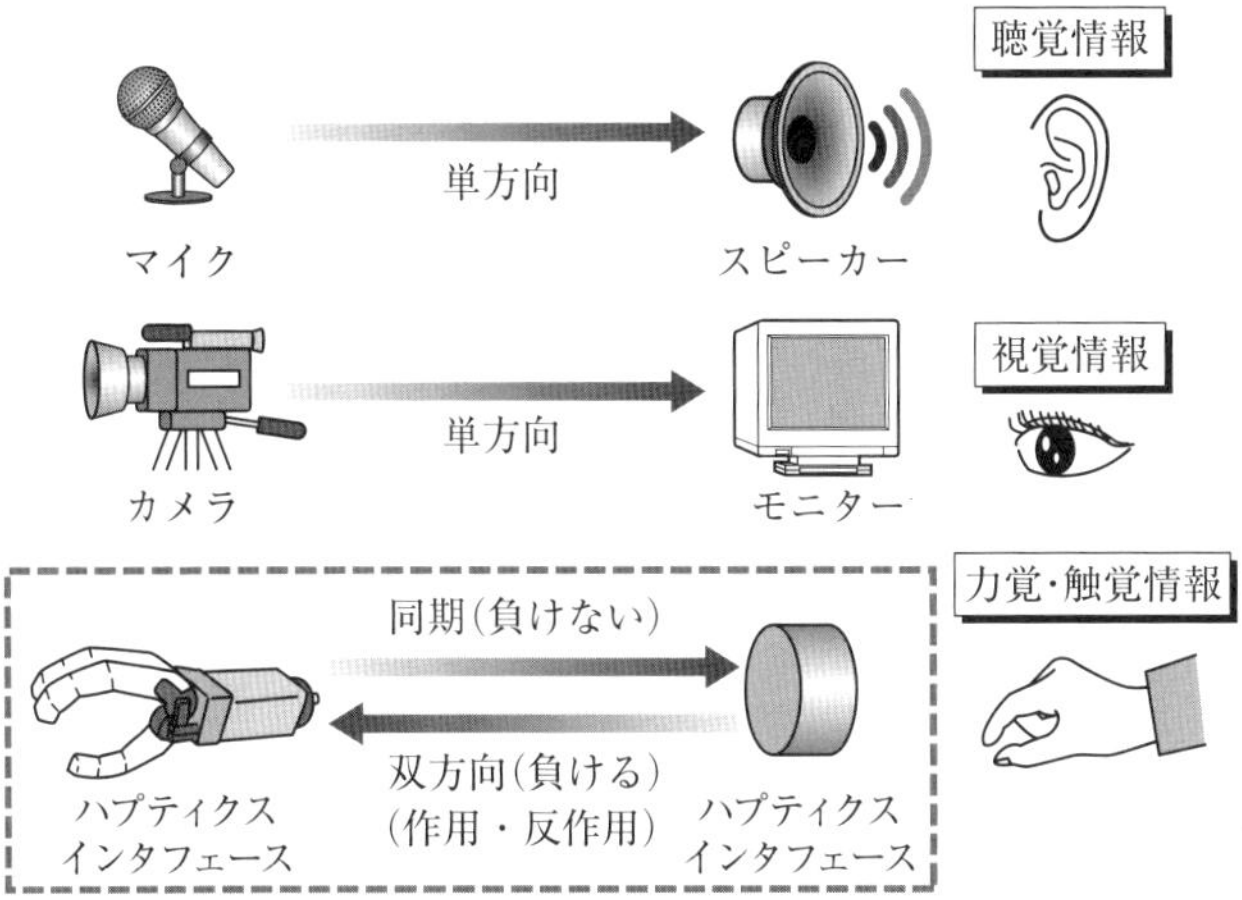

聴覚・視覚・触覚の比較

——なるほど……。ところで、力触覚の伝送の考え方は、最近のものなのでしょうか？

大西　いえ、それは1940年代からあります。アメリカのアルゴンヌ国立研究所において、放射性物質を扱う必要から考えられました。時代を反映して、最初は純機械式のものでしたが、直ぐに電気仕掛けのものに変わっていきました。このとき、すでに私達にとっても大きなテーマである「双方向性を持った制御方法」の重要性が指摘されています。

——双方向性といいますと、行きと帰りの往復、そのどちらも同等に扱うということですか？

大西　その通りです。これは力触覚における最も重要なポイントです。聴覚や視覚の場合と比較してみましょう。これらは共に、単方向の情報伝達で済みます。マイクに向かって話せば、それを受けてスピーカーが鳴ります。カメラに向かって微笑めば、モニターに映ります。スピーカーやモニターの反応は必要としません。要するに、送りっぱなしで事は済むのです。

力触覚は違います。押した結果、押し返してこなければ、そこに物は存在しないことになります。相手の反応が常に必要なわけです。それが双方向性という言葉によって表現されているわけです。

――確かに、聴覚・視覚と比較すると明確になりますね。

大西　さらに厄介な問題があります。たとえば、音楽です。昔はレコードでしたが、それがCDになり、今や単なる音声ファイルになってしまいました。動画もビデオから、DVDなどになり、ネット配信はファイルで行われていますが、これらはいずれも、時間に対する制約を受けません。つまり、何年前の音楽でも映画でも、今、この瞬間に記録媒体から再生されれば、それで充分なわけです。

ところが、力触覚はそうはいきません。押した結果、押し返してこなければ、そこに物は存在しないのと同じだといいましたが、単に押し返すだけではダメなのです。押されたと同時に、押し返してこなければ、やはり現実の描写にはなりません。棒で突いた反応が一時間後に来ても、そこに「壁の存在を感じる」ことはできないわけです。

双方向性と共に同時性を持たせることが、力触覚の生命線なのです。

――なるほど、双方向性と同時性を充たしながら、遠方とのやり取りをすることができて、はじめて力触覚の伝送という大きな問題に立ち向かえるわけですね。

大西　そういうことになります。アメリカの萌芽的研究から私達がこの問題の基本的な部分を解決するまで、およそ70年の歳月が流れています。音楽や映画を記録するシステムが、比較的短期で実用化されたことと比べてみれば、この問題の難しさが分かって頂けるのではないかと思います。

――確かにそうですね。こういった形で問題を指摘して頂くまで、全く考えたこともありませんでした。少し立ち止まって考えてみれば、当たり前のことばかりですが、それだけ私達にとって、力覚や触覚というものが頭を経由しない、日常的なもの、日常的過ぎるほど自然なものだということでしょうか。

しかし、同時性という問題も大きな困難を含んでいるのではないでしょうか。インターネットは、最初から双方向性のメディアとして世に出てきたわけですから、力触覚の伝送に適した面があるのでしょうけれども、その一方で同時性に関しては、しばしば問題を起こしていますね。

大西　ネットにおける「渋滞」というものですね。インターネットを使ったことがある人なら、ほとんどの方が体験されたことがあると思いますが、突然、動作が緩慢になる、いわゆる「重くなる」

という現象が生じます。これは一か所にユーザーが同時にアクセスした場合などに、簡単に起こってしまう現象です。たとえば、人気アーティストのチケット購入などでは「何時から発売、先着何名」などという縛りがあるために、欲しい人がその瞬間に殺到するからです。

ご指摘頂いたように、この問題は非常に大きなもので、仮に時間遅れが生じたとしても、システムとして破綻しない、タフな構造を持たせなければなりません。非常に重要な課題として、今まさに取り組まれている問題です。

❖ハプティクスの医学への応用

――ところで、遠隔手術に関する研究をはじめられた経緯は、どのようなものだったのでしょうか？

大西　遠隔手術のその前に、まず力触覚を持った鉗子（かんし）の開発を、医学部から持ちかけられました、それがきっかけです。今世紀に入ってからのことでした。私のように、世紀の半ばに生まれた者にとりましては、「前世紀生まれ」といわれるのが、何やら心に引っ掛かるのですが、この問題に取り組みはじめたのは、まさに今世紀以降のことです。そこから十年ほど掛かって、基本的な特許の取得にまで至っております。

——鉗子といいますと、手術用のピンセットのようなものですか？

大西　ピンセットというよりは、細長いペンチのような形をしたものが多いですが、一般に、手術の際に患部を挟んだり引っ張ったりするものは、総じて鉗子と呼ばれているようです。

手術支援のロボットは、これまでに数多く開発されています。何時間もの間、繊細な仕事を、しかも人の命に関わる仕事を、立ったまま続けなければならないのですから、その負担を少しでも減らすことによって、人間にしかできない高度な判断が鈍らないように、体力や集中力を少しでも高く保てるように支援する道具や機械の改善は、世界中の医師から強い要望があるわけです。

——手術室に向かわれる先生方を拝見していると、受験生の頃、私などが勝手にイメージしていた「青白き秀才」などというものでは決してないですね。体幹のぶれない、立ち姿の綺麗な方が多いように思います。やはり日頃から身体も鍛えておられるのでしょう。

大西　それは、メスを握った医師そのものの「位置が定まらない」ようでは、刃先がどこへ行ってしまうか分かりませんからね。しかし、そうして確実に大地に根を張ったように立ってはいても、その手先には当然、力触覚があるわけです。

遠隔手術の要望というものは、さまざまな視点から出されています。ドラマチックな例を挙げれば、専門医のいない病院での緊急手術などを、ネット回線で繋がったほかの病院から行うことですが、通常の手術の場合においても、医師を含めた多数の人間が出入りを繰り返す手術室よりも、機械のみの部屋にした方が、清潔性を保つ上でも患者に有利になります。逆に、手術側の人達に感染の恐れがあるような手術も、別室から行えるようであれば、その危険性は著しく下がります。

――なるほど、感染の問題から考えれば、確かにそうですね。

大西　そこで、遠隔手術の手法が研究されているわけですが、これまでのシステムはすべて、特定の位置を定めて、その場所で仕事をするように作られたものばかりでした。しかし、これでは決して状況に対応することができません。内臓の大きさや位置は、人によって微妙に異なります。その位置を精密に決めることはできません。そして、何より臓器は生きているのです。膨らみもすれば縮みもします。

――その動きに対応するために、力触覚を持った道具が必要なわけですね。

大西　たとえば、針の穴に糸を通す作業を考えてみて下さい。加齢と共に、こうした作業はドンドン難しくなりますが、それでも何とかやり通せているのは、あの細い糸にすら弾力があって、穴を

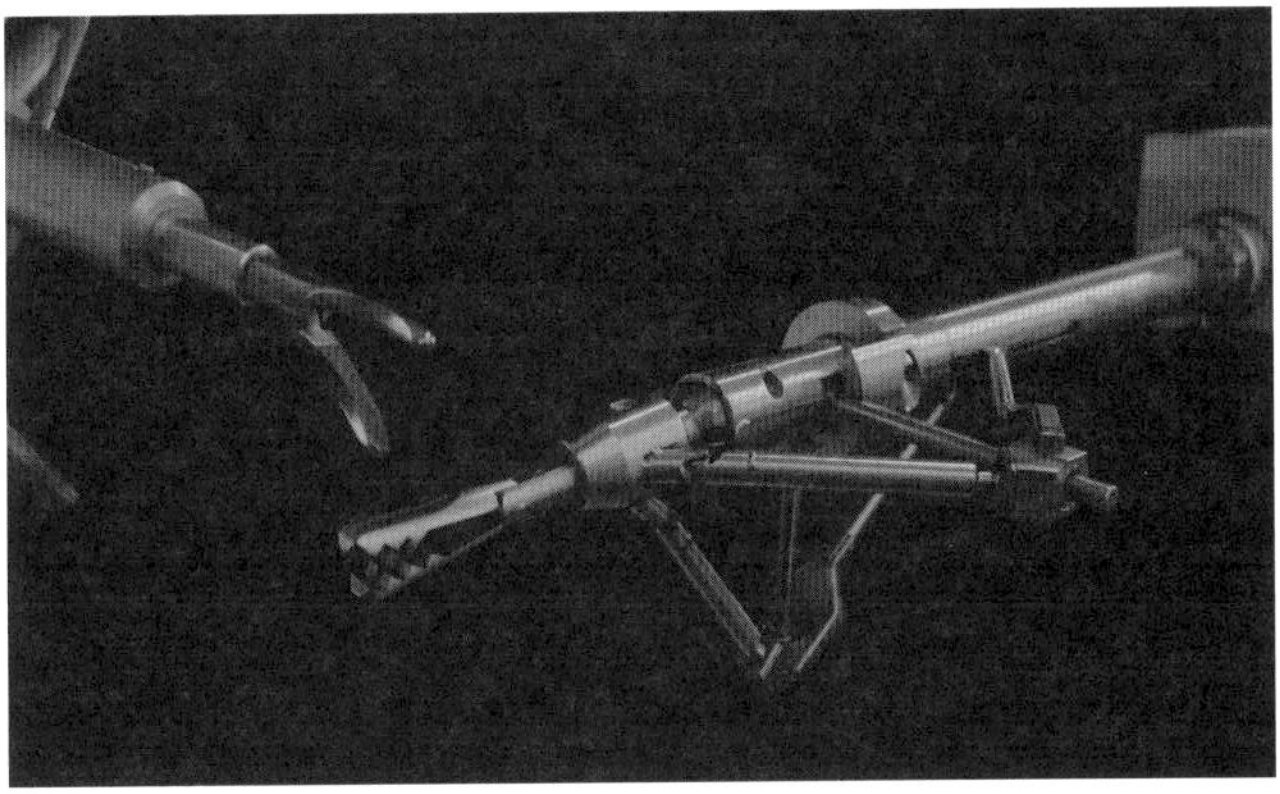

ハプティクス鉗子

通るか、端に弾かれているかを指先がわずかに感じるからです。もちろん、目に見える形で糸のたわみがそれを教えてはくれますが、穴に糸が通ったときの、スッーとした感覚、「無反応の反応」とでもいえばいいでしょうか、それは誰もが経験しているものだと思います。

――野球やテニスの場合、ボールをバットやラケットの芯、いわゆるスイートスポットで打ち返せた場合には、ほとんどボールの重みを感じません。非常に気持ちがいいです。これは逆に芯を外すと、手がしびれる場合すらあります。これは「スイートスポットの快感」などと呼ばれており、人が球技に魅せられる理由の一つだともいわれています。この辺りの感覚と似ているかもしれませんね。

大西　そうですね、似ているかもしれません。人間は、主に視覚情報として得られる位置だけに頼って、最終的な判断を下しているわけではないということです。常に力覚、触覚といった情報源を使って、状況に順応しています。だからこそ、鉗子には力触覚を持たせる必要がある、隣室から操っても、直接に鉗子を握っているのと同様の力触覚を得られる、そういった「ハプティクス鉗子」の開発が望まれていたわけです。

また、医師が直接に操る道具でも、たとえば、胃カメラのようなファイバー状のものでは、その先端部からの力触覚情報は、極めて劣化したものになり、判断の基準にはできません。ケーブルがたわんだ状態では、何も分からなくなります。また、細胞を採取しようとしても、その場の硬さや柔らかさが、手にダイレクトには戻りませんので、やはりハプティクスを用いたものに変えていく必要があるわけです。

❖ハプティクス鉗子の成果

――腸の奥深くまで自分の手が直接入って、患部を触っているような、そんな感覚を医師に提供したいということですか？

大西　その通りです。それができれば、医師の経験がさらに活きてくるでしょう。これまで生きた状態で触診できなかった部位にまで、その手法が使えるとなれば、新しい知見が得られることは間違いないでしょうから。

その第一歩として、私達は口腔外科手術用のハプティクス鉗子の開発をはじめたわけです。

——医学と工学の連係、本格的な医工連係の姿がここにあるわけですね。

大西　幸い私の所属しております大学は、総合大学で医学部もあります。したがって医療関係の最新の情報が非常に取りやすいのです。先にもお話しましたように、開発のスピード感といったものが、特に大事ですから、すべてのことが学内で処理できるということは、開発において大きなメリットになります。

——初期段階で、具体的に明らかになったことは、どのような点でしょうか。ちょうど下の棒が長いYの字のような鉗子の写真をお見せ頂いているところですが……。

大西　そうですね、箇条書きにまとめたものがありますので、まずはそれからご覧頂きましょうか。

①力触覚センサーなしに力触覚を伝送し、忠実に再現が可能。
②鉗子の力や速度を増幅して伝達することが可能。
③掴んだり、触ったりしている対象の硬さを表示することが可能。
④既存の手先効果器の装着が可能。

⑤把持力・押付力の最適化や制限、位置の寸止めなどが可能。
⑥遠隔操作が可能。
⑦手先として広範囲の応用が可能。
⑧柔らかい臓器や硬い組織を安全に扱うことが可能。
⑨軽く、操作性の良い機構を取り入れることが可能。
⑩術者の手のようにロボットを扱いかつ感じることが可能。

――冒頭の「力触覚センサーなし」という所で、目が留まってしまいました。一般にこの種の機械は、センサーの塊のような印象があります。実際、その種類と総数を誇らしげに謳っている機械も多いと思います。しかし、確か義手の場合もそうであったように、先生方のご研究では、常に「力センサーなし」という点が強調されているように感じていました。今、この表を拝見して、「やはりそうであったか」と思っているわけです。

外界を取り込む、ほとんど唯一の手段とも見なされている各種センサーを使わずに、いかにして所望の機能を実現されているのでしょうか。恐らくは、理論的な背景を、もう少し学ばなければ分からないのだとは思いますが……。

❖身近な力センサー

大西　そこなんです、そこが一番大切な点なのです。力センサーというものに頼らないという、一つの思想のようなものが、私達のシステムの根幹を支えています。人間の力触覚もセンサーという発想ではなく、腱の収縮にまで立ち戻ることができますが、このことが一つのヒントにもなっているでしょう。

――それでは、そもそも「力センサーとは何か」といった大枠のところから、簡単に話して頂けませんでしょうか。

大西　分かりました。私達の研究を支えている原理的な道具立ては、非常に簡単です。理論的な問題については、また後日まとめてお話しさせて頂くつもりにしておりますが、ここでは、その前にご要望のありました「力センサー」についてお話ししましょう。まず、力とは何かという大きな問題がありますが、日常的に私達が簡単にこれを測っているのは、「重さ」としての力でしょう。

――この辺りは、高校で物理を学ばれた方、あるいは中学でも話題に出ておりますでしょうか。要するに「地球が物質を引っ張る力」、それを私達は日常的には「重さ」と呼んでいるということですね。

大西　その通りです。話を地球上にのみ限定して乱暴に要約すれば、重さと力を同じものとみてもいいでしょう。そうすれば、私達が「床を押す力」も「錘《おもり》にすればどれくらい」という形で、重さに置き換えることができます。では、この重さを計る一番簡単な方法は何でしょうか？

――学校の実験では、バネ秤のようなもので錘の重さを計りました。

大西　そうです。バネでも輪ゴムでも結構ですが、錘を吊した際に、それが伸びる、その伸びを測って重さを読み取っているのです。子供の実験だと思って頂くと、これが大きな間違いで、実際には「力はこうした方法」で測るしかないのです。

――そうなんですか。何かもっと高度な方法はないのですか？

大西　原理的にはこれに尽きているのです。ゴムでもバネでも結構ですが、ある範囲の中で、これらの伸びは吊された錘の重さに比例します。極端に重い物を吊せば、伸びきってしまって元には戻りません。実際には「伸びは重さに比例する」のではなく、「重さに比例している範囲の中だけ」でそれらを利用するのです。それが可能だからこそ「バネ秤」というものが成立しているのです。

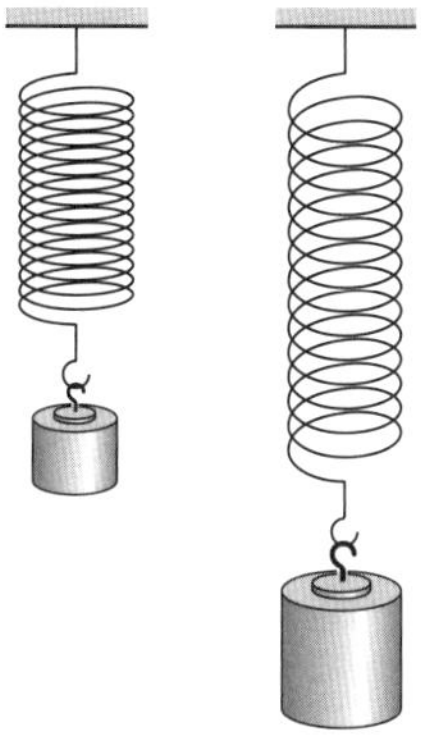
バネの伸びと重さ

――そうしますと、力は重さであって、重さはバネの伸びで測れる、よって「力は長さによって測れる」というわけですか？

大西　その通りです。結論を先にいって頂いて、ありがとうございます。まさに、おっしゃる通り、力は長さで測るものなのです。先ほど、もっと高度な方法はないのかというご質問を頂戴しましたが、たとえば電子秤のようなものでも同じです。あれは内部に備えられた「歪《ひず》みゲージ」という名の素子を使って重さを測っています。歪みとは、元の長さ、大きさからどれほど変形したかということですから、これも結局は長さの変化を読み取っているだけなのです。

――ええっ、そうなんですか。「電子」と名が付いている以上、もう少し複雑なことをやっているのかと思いましたが、なるほど、そういうことなんですね。

大西　最近では、台所用のものなら千円程度で買えますが、電子秤とは、歪みゲージそのものであり、この歪みゲージに類するものが、通常いうところの「力センサーの正体」だと考えて頂いて間違いありません。すなわち、台所でケーキ作りに励んでいる方は、力センサーによって、重さという名の力を計測している実験者なのです。

――なるほど、力センサーが身近なものだとおっしゃられた理由が分かりました。確かに身近です。キッチンスケールなら、我が家にもありますから……。

大西　ねっ、どこにもあるものでしょう。そして、一度でもこれを使った経験がある方なら、私達が力センサーを使わない、その理由がお分かり頂けると思います。バネ秤でも同じことですが、この種のセンサーは、扱いが非常にデリケートなのです。

――確かに単純な機構の割りには、色々と細かい禁止事項があるようですね。

大西　まず、こんな乱暴な人はいないと思いますが、秤の上に物を乗せるとき、それを放り投げてはいけません。衝撃を与えることは、何より禁じられています。しかし、これは機械が壊れるという以上に、私達にとっては「これを用いないことの決定的な理由」になるのです。

――壊れる以上の理由とは……。

大西　単純な話です。電子秤では衝撃的な力は、そもそも測れないということです。何かをぶつけたときに生じる、瞬間的な力は計測不能です。また、秤の上に携帯電話などを乗せて、バイブレーションモードにしてみて下さい。そのとき、振動がそのまま秤に伝わって、重さの変化として正しく表記されるでしょうか。

――それは無理でしょうね。すなわち、力センサーでは衝撃力や振動現象は扱えないということですか？

大西　非常に難しいのです。そして、これはハプティクスにおいては致命的な欠点になります。針先で一瞬突いた、あるいは突かれたあの感覚が読み取れないのです。揺れも振動というレベルにまで周波数が上がりますと、その平均値ぐらいしか返ってきませんので、相手側で何が起こっているのかサッパリ分かりません。義手が握っている電話が、コールされているのかいないのか、分からないということなのです。

鮮明な力触覚の再現ができなかった理由、その中でも非常に大きな問題がここにあるわけです。力センサーを意味もなく嫌っているわけではなく、この種のセンサーに頼っている限りは、前へ進めなかったというのが本当のところです。

――なるほど、よく分かりました。自分自身のことを考えても、人間はどこかに力センサーが付いているというわけではありませんしね。

大西　そうなんです。力センサーは感度が鈍く、それ自身も重い。また、秤に水を掛ける人がいないように、その扱いにも慎重さが要求されます。実際、ホンの少しの汚れでも誤作動します。そこで私達は、力ではなく長さを測る位置センサーのみで、力触覚を再現する方法を開発したわけです。

❖機械設計の思想

――確かに、私達は加えられた力を身体のどこで感じているかといえば、特定の場所……、限定された狭い場所でというよりもより大きな場所、あるいは全身でといったことになりますね。そうしますと、大西システムの基本は、本質的な意味で「人間の在り方や生物の仕組にまで遡ったものだ」ということができるわけでしょうか?

大西　そうした方面で大上段に振りかぶることはしませんが、人間の在り方、生物の在り方を常に頭の中に置いて、機械システムを発想していくことは、非常に重要であり、また大きなブレイクスルーに繋がる貴重なアイデアを提供してくれるものだと感じております。

ただし、それに縛られることもまた、偏見の元になります。これは、あくまで個人的な見解として聞いて頂きたいのですが、生物に学べば良いヒントを得られますが、機械設計の思想まではなり得ないのです。機械と生物では、その成り立ちが全く違いますから、表面的な形を模倣するのか、その仕組を模倣するのか、その機能を模倣するのか、これらはそれぞれが異なるカテゴリーに属する問題です。どの立場に立つかということは、別の判断を要します。ところが、その判断こそが設計思想であり、まさに開発の指針となるものなので、単に学ぶというだけでは、条件として弱いわけです。

——人間や生物に学びながらも、機械を相手にしている以上、それに相応しい設計思想が明確にならない限り、大きな進展は望めないということですか。確かに「学ぶ」ということは、「コピー」とは違うわけですから、何を学ぶかという「何を」の部分を明確にした上で、そこに新しい考え方、思想といったものを盛り込んでいかなければ、空言になりかねないわけですね。

大西　そうですね、まず明確なモデル作りからはじめて、実験なり数式なりで細部を詰めていき、その全体を反省していく中で、はじめて生物に学ぶという精神が活きてくると思うのです。

たとえば、鳥と飛行機は似ていますか、さてどうでしょうか。人間が空を飛びたいと思い、翼を背負って羽ばたいている間は空を飛ぶことは叶いませんでした。固定翼というものが登場して、はじめて私達は空を飛ぶ自由を手に入れたわけです。

——外形的には似ていないけれども、その機能は同じだということですか？

大西　ええ、しかし、人間は鳥ほど自由に大空を満喫できません。その場から軽々と舞い上がり、舞い降り、急旋回にホバリングさえします。あの機動性は、全く実現されていません。したがって、学ぶことはまだまだあるでしょう。

しかし、その一方で鳥は音速を超えることはできません。また、大気圏外を飛行し、月まで飛ぶこともできません。私達は月を往復した唯一の生物であることを、もっと誇りにして良いと思います。

——鳥の外形を真似て羽ばたいている間は飛べず、その仕組に学んで軽量化を図ってみても、結果は同じ。その機能に注目して異なるルートを探すことで、空を飛ぶ別の方法を見出したというわけですか。そして、ロケットに至っては、姿も仕組も鳥とは全く別物ですね。その結果、鳥にはできないことまでできるようになった、超音速、大量輸送、大気圏外への旅などなど……。

大西　そういうことです。生物に学ぶという場合、生物の何を学ぶか、姿か仕組か機能か、そこが問題だと思います。学ぶことが何かの制約になるようでは、本末転倒です。ロボットにおいても、同様なことがいえると思います。人体の仕組のみにこだわっている間は、なかなか上手くいかなかったことが、そこから離れることでアッサリと解決した部分もありますし、相変わらず上手くいかないところもあります。しかし、最も重要なことは、生物が持っている機能が充分に実現されない間は、学ぶという姿勢を失ってはいけないということだと思います。工学的実現の立場で、まさに実現すべきは機能なのであって、人型を真似ることでも、内部構造を模写することでもないはずですから。

今、私達はこうした立場から、「行為」ということに注目しています。機能に動作が加わって、一つの行為が完成します。掴むという行為、歩くという行為、飛ぶという行為、その発端には意志があります。決意といってもいいでしょう。掴もうとする、歩こうとする、飛ぼうとする意志、決意の下で機能に動作が与えられ、一つの行為が行われます。それらを実現するためには、いかなる機能が必要か。仕組は姿は、と逆向きのコースを辿ることによって、生物を参考にする本当の意味が見えてくるのです。

——まさにアイデアの源泉として、生物に学ぶという姿勢ですね。よく分かりました。

大西　最後に、鉗子と同じ方向性を持った研究テーマですが、歯科などで用いられるドリルに力触覚を持たせた、「ハプティクスドリル」による実験結果、その評価をまとめたものもありますので、同様に箇条書きの表として見て頂きましょう。

①正確に切削深度が分かる。
②正確に切削力が分かる。
③正確な骨硬度が分かる。
④切削モデルより骨密度も推定できる。
⑤ソフトストッパによる寸止めが可能になる。
⑥施術中のすべての位置情報と力情報が記録できる。
⑦記録された力情報と位置・速度情報および、環境情報から正確な術動作の再現が可能になる（あるいは将来は手術自動化が夢ではなくなる）。

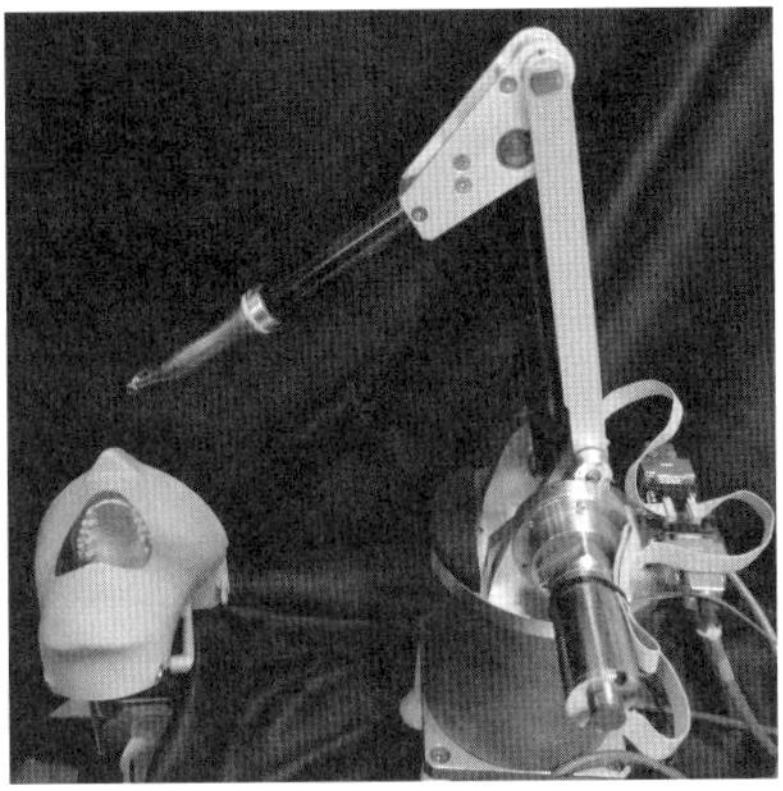
ハプティクスドリル

――これも指摘されてみれば当たり前の話にも思えるのですが、確かに医師が直接当てるドリルではこうした情報は取れませんね。力触覚を与えることの、副産物といっては語弊があるかもしれませんが、「人間の行為の記録」といった新しい分野に繋がっているようにも思いました。

大西　その点を非常に重要視しています。「行為」の問題については、私達のシステムの理論的な背景をお話しした後にも、もう一度、詳しくご紹介したいと思いますが、名人芸や達人の技といったものを記録することで、それを分析することがはじめて可能になります。

これまで職人さん達が、自らの技に対する科学的な分析に対して冷淡であった理由は、手先の動き、その軌道の解析ばかりが行われて、その奥に秘められた絶妙の力加減にまで考察が及んでいなかったこと、仮に多少の言及はあったとしても、「この力加減や感触が他人に分かるわけがない」と諦められていたことによると考えています。それができるようになったのです。名人芸がいよいよ記録され、分析され、その本質が明らかにされる、そんな時代が目の前まで来ているわけです。

「ハプティクスロボットによる口腔外科手術支援」の研究から、機能の高度化が図られることが分かりました。それは、ハプティクスロボットにより、外科手術の精度、安全性があがるだけではなく、従来不可能であったさまざまな機能が実現できるようになったことを意味しています。

また、将来性と経済性の問題として、高価なセンサーを持っていないこと、国産技術であること、機能の高度化が主に計算機の高性能化に依存していることなどから、安価で高性能な外科支援手術ロボットの可能性が見えてきたのです。

――本日のお話から、力触覚がさまざまな分野を繋ぐこと、特にこれまでのロボティクスでは考えられなかったような形での医工連係を生むことまで分かりました。ありがとうございました。

第三章　汎用機で掴む

川崎市の溝の口に来ています。複数の路線が交わる駅から、無料シャトルバスで5分という条件の良い場所に、「神奈川サイエンスパーク」、略称KSPがあります。

そして、その中に「公益財団法人・神奈川科学技術アカデミー」、略称KASTがあります。KASTとは、科学技術活動を展開し、産学公連携の取り組みを通じて、地域経済の活性化と生活の質の向上に貢献することを目指す組織、と定義されているそうです。

今回は、大西教授の研究室から派生したグループが、もう一つの研究拠点として、この場所を活用されているというお話を伺いましたので、早速、見学を兼ねてお邪魔したしだいです。

❖若き研究者達の秘密基地

――こんにちは、本日もよろしくお願い致します。それにしても広いお部屋ですね。まだ、機材などは充分に揃っていない感じがしますが、開所されたばかりということでしょうか。この何もない感じが、むしろワクワクした気持ちにさせてくれます。私が変わっているのかもしれませんが、ここから何が生まれてくるのだろう、一年後にはどんな景色が見られるのだろうと思うと、何やら秘密基地の誕生の瞬間にでも立ち会ったように感じます。

大西　ようこそ、おいで下さいました。こちらは、「力を感じる医療・福祉介護次世代ロボット・プロジェクト」という名称で公募に応じ、採択された四年間という期限付きのプロジェクトなのですが、私自身はその研究顧問という形で参加しています。主は、ただいま本務校で講義中ですので、まあ、秘密基地のお留守番ということです。何か事故があると、「留守番もまともにできないのか」とプロジェクト・マネージャーからお叱りを受けますので、今日は大人しくしております。

――これまで理論的な説明よりは、概念的なお話、用語や設計の思想的な背景などについて、伺って参りました。本日もまた、そうした方向性でお伺いしたいと思いますが、とりわけ、最近先生が強く主張されておられます「ＧＰＭ」という考え方、といいますか、その言葉の意味といいますか、その辺りを主に教えて頂きたいと思っております。

大西　分かりました。そういったお話であれば、なおさら、この施設で発展させようとしているプロジェクトの内容から知っておいて頂いた方がいいと思いますので、まずはそちらから、簡単に話をはじめましょう。

——そうですか、それではよろしくお願い致します。

大西　本プロジェクトの名称は、先にもお伝えした通りです。要するに、医療や福祉・介護など、これまでロボットがあまり活躍できなかった分野に、私達の力触覚のシステムを持ち込んで、「力を感じるロボット」を作り、それによって停滞している現在の状況を一新してやろうという極めて野心的なものです。

こうした野心的なもの、あるいは、今後を含めた長いスパンで研究を続けていかなければならないものは、若い研究者が主役になって働いていかなければなりません。我々の世代では、今後の三十年に責任が持てません。これからの三十年こそ、我が国の正念場ともいうべき、大切な大切な時代に入っていくのです。それが私の「読み」です。もちろん、論拠はありますが、それは、また別の機会に譲りましょう。

研究室の様子

――先生の周辺を固めておられる研究者の皆さんは、総じて若い方が多いと思いますが……。

大西　そうですね。これまで、我が国の研究体制には色々と批判がありました。特に、大学院以降の教育・研究の方法について、さまざまな方面から検討が加えられてきました。しかし、いかに官僚諸氏が優秀であっても、彼等の多くは文科系出身者であり、また学部卒が大半ですから、理工系の大学院に関しては、自身の身に照らして考えることが難しいのです。

したがって、現場の研究者が積極的に声を挙げて、体制の刷新を図らなければ、妙な方向に誘導されないとも限りません。どのような学問でも、その難しさは同じでしょうが、とりわけ理工学には、若者の無謀さが必要とされるのです。知らないことの強み、身にあまる夢を抱いた者の強みのようなものが、大きな発見へ繋がる場合が多いのです。歳を取り、学問的な常識をわきまえたがために消えてしまった何か、それが彼等にはあります。

――そうかもしれません。私のような者でも、どんな無理をしてでも若い頃にはもっともっと勉強すべきであったと、今になって思いますから。

大西　できる限り早い段階で第一線に躍り出て、高いレベルでの経験を積み、発想の上でも、体力の面においても、無理や無茶が利く間に大きな仕事にチャレンジしてもらいたいと念願しているのです。そのために、大学では異なる二つの分野の修士号を同時に取れる仕組も作りました。博士号もできる限り早く取れるように、色々な工夫をしました。最も重要なことは、分野を横断する広い視野を持つことと、思考のスピードを上げることです。

才能や能力は、年功序列ではありませんから、本当に優秀な人の大発展の邪魔になるような制度なら、その制度の方が悪いのです。もちろん、これは分野によっても大きく違うのですが、幸いなことに私達の研究室では、こうした新しい取り組みを有効に使って、若くして独り立ちしてくれた人達が多くいます。これは日本の将来にとっても、大変ありがたいことです。

大先生をやっつけてやろうと虎視眈々としている若者がいればいるほど、年配の先生方もやる気が出てくるのではないでしょうか。少なくとも私は、立場上の区分などには目もくれず、真っ直ぐに斬り込んでくる若者が大好きです。お陰様で最近は傷だらけで、息も絶え絶えですが……。

――三十代、四十代の研究者よ集え、ということでしょうか。先生の日本の将来に対する「読み」には大いに関心がありますので、またの機会を楽しみにお待ちすることに致します。

❖プロジェクトの詳細

大西　超高齢化社会では高齢者の増加に伴ってますます若年介護者が必要となります。その結果、社会の持続的発展を達成するために必要な生産人口が減少することとなります。このような背景から、人間の動作を物理的に補助する新ロボット技術の研究開発が強く望まれています。

しかしながら、人間支援にはこれまで産業用ロボット技術で培ってきた力強く頑強で精密な動作のみでは対応しきれない場面が多く現れます。これは人との身体的な接触が必要となる支援動作では、優しく柔らかな動作が不可欠となるからです。このような機能は力触覚技術を用いることでロボットに実装することが可能です。

以上は、ここまでに何度も繰り返してきた通りですが、この問題意識の上に立って、このプロジェクトは成立しているのです。

――はい、ソフトロボティクスの重要性を説かれているわけですね。

大西　そうです。いまだ一般的な概念にまでは至っていないので、あらゆる企画の冒頭には、こうした説明が必要なのです。今、お話した部分は、そのままこのプロジェクトの序文をなしています。力触覚技術の実装には、利用するアクチュエータの基本性能が非常に重要であることから、ＫＡＳＴさんには、その戦略的研究シーズ育成事業（平成27年度）においても、「力触覚技術実装に適した新たなアクチュエータの研究開発」ということでお世話になってきました。

――なるほど、そうした下地があっての、今回の採用ということですか？

大西　ええ、本プロジェクトでは、これらのアクチュエータ技術に加えて、力触覚基盤技術、モータ制御技術および生活支援応用技術を結集し、超高齢化社会に必要とされる医療・福祉・介護を支援する実用的な次世代支援ロボットの開発を行います。

人間支援を行うロボットには、人間との物理的インタラクションが必須とされるものの、これまでのロボット工学ではその実現策を充分には示していませんでした。人間の意図に反さず優しく接触するための繊細な力加減の制御が人間支援実現の鍵となります。力触覚技術を実装することでロボットは力を感じることができるようになります。

本プロジェクトにおいては、機能性ハプティクスアクチュエータおよび力触覚技術の応用対象を、「医療を支援するための医療デバイス」「障碍などに起因する身体能力低下を補う福祉を支援するた

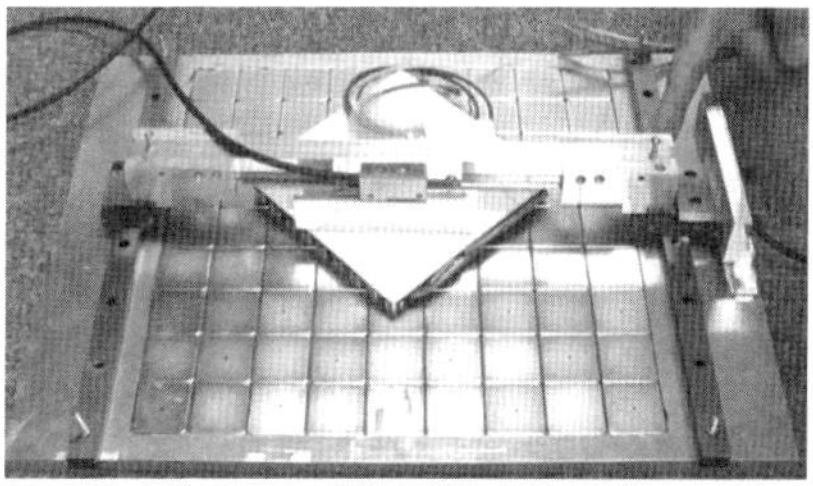

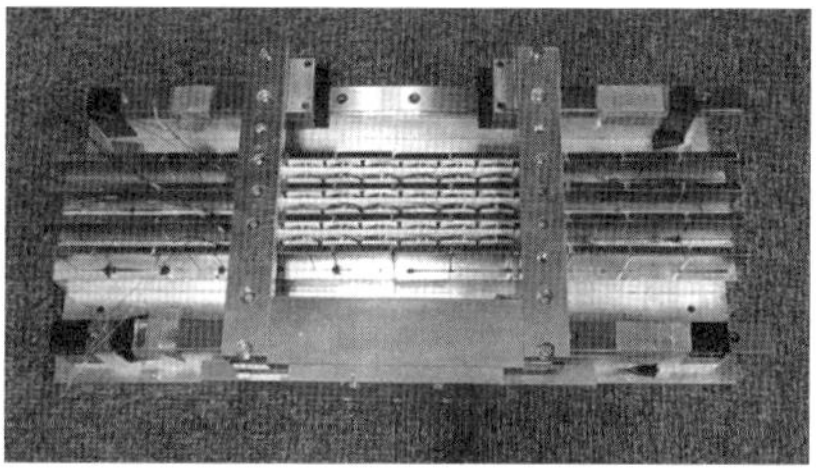

（上）クロスカップル形
平面二自由度モータ
（右）積層形リニアモータ

前プロジェクトの成果物

めのリハビリテーション支援ロボット」「高齢者介護を支援するための生活支援ロボット」「手術支援ロボット」の四つに大別し、随時研究開発および成果の実用化を行うことで段階的にノウハウや技術の蓄積をし、次の研究開発、実用化へと繋げていきます。

——野心的という意味が、しだいに分かってきました。四区分の内容について、もう少し詳しくお聞かせ頂けますか？

大西　それでは、箇条書きにしたものがありますので、それをご覧頂きましょう。

●医療デバイスの開発

　力覚機能を有する鉗子ロボットなどの低自由度デバイスを試作し、これを用いた性能評価試験および臨床試験をプロジェクト期間内に達成します。医療現場においては髪の毛よりも細く、とても千切れやすい糸で毛細血管の吻合を行うなど、繊細な手の感覚が要求される場面が多々あります。力触覚技術を援用することで発生している感触を増幅し、医師に伝えるなど人間の能力の限界を超えたデバイスが実現できます。さらに、公機関との共同研究として、将来の遠隔触診を目指した診断デバイスの開発にも取り組みます。

●リハビリテーション支援ロボットの開発

リハビリテーション施設などと共同で実証実験を行いながら現場や使用者のニーズを充分に反映させた設計開発を行います。リハビリテーションが必要とされる麻痺患者の多くは、四肢を伸ばす訓練を行います。このとき、ロボットが人間の動作を阻害するように動いてしまっては患者に負荷がかかるばかりでなく、本来リハビリテーションを施すはずの筋や関節を痛める結果になりかねません。コンソーシアム企業とも連携し、実用化を見据えながら柔らかい運動支援を実現するリハビリテーション支援ロボットの研究を進めます。

●生活支援ロボットの開発

特に住環境での日常動作を支援するためのロボットの開発を行います。介護分野において希求されている歩行支援や起き上がり、立ち上がり支援などを実現する装置の研究を進めます。

●手術支援ロボットの開発

従来の医療ロボットにはない力触覚機能という付加価値を持ったシステムのデザインを進め、雛型としての実験機の開発を達成します。そして、プログラム期間内に生体内での臨床試験を実施し、有用性を実証することを目標とします。これらの研究成果を基に、ＱｏＬ（Quality of Life）向上への貢献を目指します。

❖手術は柔らかい手で

――これらがすべて、一つの鍵、力触覚に繋がっているわけですね。まさに壮大な計画だと思います。研究テーマを細かく分けていけば、10や20ではきかない感じがしますが……。

大西　そうですね、この前、数えてみたら、大西研全体で35ほどになりました。最近、外部からの強い要望があって、義足の研究もこれに加えたところです。まあ、数は多いですが、私を含めて担当している研究者の皆さんの頭の中は、比較的スッキリとしていると思います。力触覚の応用技術であり、人の役に立つものを、できる限り短期間で提供できるようにする、というところは、全員が一致していますから、具体的なやり方は、各自バラバラで結構なんです。

私達のような実験屋はそうもいきませんが、昔々の物理や数学のいわゆる理論屋さんの中には、大学では滅多に見掛けない大先生が結構いらっしゃいました。今はそうもいかないでしょうが、志が正しければ、各人がベストを尽くせる環境を選ぶというのは当然であり、むしろ、そうあるべきだと思います。恐らく、今は誰も賛成してくれない考え方でしょうけれども。

――そんな時代の大学には、今とは異なる独特の面白さがあったのでしょうね。憧れるような、少々怖いような、妙な気分です。

大西　そうですね、もちろん、私もそれを奨励しているわけではありませんが、独立した研究者というものは、学問に対する見識と同様に、独特の生き方を持っているものだと思っているのです。そうした先生方を多く見てきた世代特有の考え方かもしれませんが。

――今や人間的魅力という言葉そのものが、死語になったかのようですからね。

大西　そして、このプロジェクトの集大成的なものとして、力触覚を実装した内視鏡下手術支援ロボットの原型づくりを目指しています。現在、最も普及している手術支援ロボットでもできない部位において、精度と安全性を備えた手術が支援できるようなロボットの実用化に繋げたいのです。

――ダヴィンチという名前を聞いたことがあります。もちろん、レオナルドではない方ですが。

大西　それは世界に広く普及している手術支援ロボットで、慶應義塾大学にもあります。そのほかにもさまざまな手術支援ロボットが開発されてきましたが、これらはすべて鋭敏な力触覚を持ちま

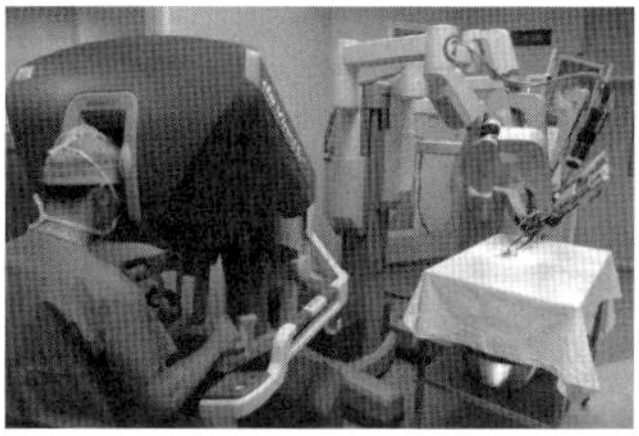

手術支援ロボットの例
［写真 ©FRANK PERRY/AFP］

せん。すなわち、位置情報のみをやり取りするだけの「硬いロボット」だったのです。

たとえば、「鼻先1ミリのところで、必ずメスを止めますから、ジッとしていて下さい。大丈夫です、このロボットの精度はミクロンの単位ですから」といわれても平気ですか？

――いや、それは……。

大西　硬いロボットにメスを持たせると、そのようなことになります。実際にはメスを持たずに電極鉗子を用います。いずれにせよ患者は麻酔が掛かっているので分かりませんが。硬いロボットが有効性を発揮するような手術部位は、限られたものになると思います。これではロボットの価値も半減します。

❖硬さの由来

――なるほど、手術支援ロボットといっても、その中身は全く知りませんでしたが、工作機械などの、たとえばNC旋盤などと基本的に変わらないものなのですね。

大西　そういうことです。NCとは数値制御（Numerical Control）の略語ですが、その数値とは、部材の位置と刃物の位置の関係を表したものです。工作機械の場合には、材料は完全に固定されています。したがって、位置決め精度はいくらでも上げられます。メカトロニクスやロボティクス技術は本来生産技術のために開発されたもので、前者が後者の基礎になっていたことは意外に知られていません。1970年代からはじまったNC技術なくして今の産業用ロボットの発展はありえなかったでしょう。

私達が目指しているのは、柔らかいロボット、柔らかい手術支援機器なのです。先にソフトロボティクスという言葉をご紹介しましたが、ハプティクス、すなわち力触覚があれば、機械は柔らかいものになり、それがなければ硬いままだということになりますから、少なくとも私自身は、この二つの言葉を同義として捉えています。

——「ソフトロボティクス＝ハプティクス」ということですか？

大西　そうです。分けるとすれば、ソフトロボティクスはその研究分野を指し、ハプティクスはその手法を与えるといった程度に考えています。したがいまして、両者は表現のニュアンス、すなわち、その場の話の流れに沿って、どちらがより適切な用語であるか、といった程度の違いしかありませんので、あまりこだわって考えないで下さい。

――かなりスッキリしてきました。

大西　鉗子にしろドリルにしろメスにしろ、いくら高精度の位置決めを行ったところで、相手は人間の臓器ですから、全体の精度は、臓器の位置の精度、あるいは、その弾力性といったものに依存して大きく下がります。もし、臓器が言葉を発することができたなら、「怖くて耐えられないから止めてくれ」というでしょう。

――工学的実現という立場からは、大きな意味があったでしょう。こうして今、さまざまな機械が作られているのも、硬いながらも自動機械としてのロボットが有効に働いたからでしょうし、それを否定する理由はありません。しかし、もうそろそろその縛りから脱しなければなりませんね。

大西　まさに、そういうことです。時代時代によって、要請される技術は異なります。また、最善を尽くしてそれに応える、工学的実現を図るという立場からは、ロボットが硬くてもそれは仕方のないことでした。先ほども述べましたように、元々が工作機械から発展したものなのですから、それらが最も得意としていた「位置決めによる作業」を継承するのは致し方ありません。

しかし、もう時代は変わったのです。鮮明な力触覚技術を手に入れながら、これを上手く活用できないでいるというのは、いかにも残念なことです。私達の使命は、学理の夢に留まらず、社会全体にこの革新的技術を提供し、人々が安全で安心な暮らしができるようにサポートすることにあります。一朝一夕にできることではありませんが、のんびりと構えている暇もありません。


――やはり、言葉の問題が大きいように思いますね。


大西　そうですね。少し言葉にこだわって考えて見ましょうか。以前、お話ししました「負ける・負けない」「柔らかい・硬い」という区分ですね、あれは工作機械における位置決めの問題と、力の問題の対比として明確に説明することができます。もう、およそのことはお分かりでしょう。

工作機械、たとえば物を削る機械を考えましょう。木工の場合を考えて頂ければ、より分かりやすいと思います。木を削る、切断するという場合に、まずその木を機械に固定します。そして、刃先を精確に制御することで、希望のサイズに加工することができるわけです。

このとき、仮に木の中に石が挟まっていた場合でも、工作機械は決して怯みません。与えられた数値に従って、刃先を動かしていくだけです。これぞ「負けないロボット」「硬いロボット」です。

このロボットは、自分の身にあまる要素、たとえばダイヤモンドなどが挟まっていても、それを切

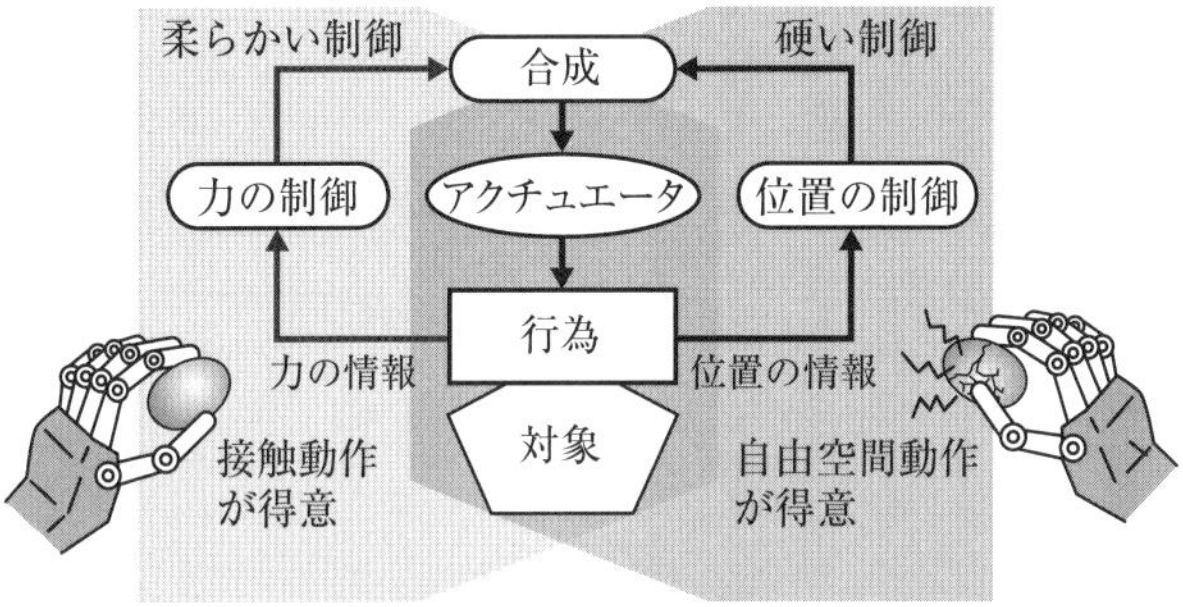

柔らかい運動と硬い運動

りにいこうとします。そして、その場合には自らの刃先が破壊され、加工作業は失敗に終わるでしょう。位置を基準にしたロボットが、負けない、硬いと評されるゆえんです。

切削という作業一つ取っても、それは材料が持っていた位置の情報を削り取り、そこに材料が存在しないようにすることを意味しているわけですから、環境を破壊することがその使命だということになります。そして、その相手を破壊することができなかった場合には、自らを破壊してしまうわけです。

――なるほど、これで話が繋がりました。硬いロボットは、環境に負けない。環境に負けないということは、状況とは無関係に、自らの計画を実行する。その計画とは「数値により定められた位置に関するものである」ということですね。

大西　そういうことです。これが手術用であった場合、果たしてどうなるでしょうか。ニキビがあればニキビに沿って、あるいはこれを避けて髭を剃らなければなりません。元々の顔の形がこうだからというだけで、強引に押し切られては、顔面は切り傷だらけになってしまいます。

恐らく、遠くない将来に、髭剃りは力触覚を持つでしょう。今は、微小な振動を与えて、皮膚との摩擦を小さくしている程度ですが、いずれはその日の健康状態により変化する皮膚の硬さや滑らかさに応じて、髭だけを剃っていく「柔らかい髭剃り」が登場するはずです。

――いいですね。私もよく傷だらけになりますので、それはまさに「待望の新製品」です。

大西　しかし、こうした考え方はなかなか理解して頂けないのです。特に、位置と力の関係が、しばしば逆転しているようです。もちろん、こちらの表現が稚拙なこともあるでしょう。先入観の強い方もそうでない方も、色々なタイプの方がおられるので、一般的な広報にはそれ特有の困難がありますが、ここで考えて頂きたいのは、そうした表現上の工夫の問題ではない、「一般的な言葉」との関わりです。

――日常的に使う言葉との関わりということでしょうか？

大西　そうです。確か、野球がお好きだったはずですね、それでは野球を例に引きましょう。ピッチャーのタイプを表す言葉として、「力投派」と「軟投派」というものがありますね。

――いや、恐れ入ります。「速球派」「技巧派」というのもありますね。

大西　そうですね。こうして二つのタイプに分けるときに、速い球を投げるが制球が悪いタイプと、球は遅いが制球が良いタイプとして線引きされる場合が多いでしょう。

そこで多くの人はどのように考えるかといえば、「制球の良い投手は変幻自在の柔らかい投手」、「球の速い投手は力で押さえ込む硬い投手」という風に捉えられているのではないでしょうか。

このことそのものに異論があるわけではありません。問題は一般に、「コントロールが良い」という特徴は、柔らかい印象を与えるという点です。しかし、これは先の切削の場合と同様に、何があっても、自らの球筋を変えずに、希望するライン上を突き進むからこそ、素晴らしい制球力だと讃えられるわけです。ならば、これは「硬い投手」ではないでしょうか。

――そういう風に話が進むわけですか。なるほど……。

大西　どうしても、力という言葉が柔らかさと結びつかないようなのです。そうした傾向があるために、混乱される方が多いように思っています。これは講演会などで頂戴するご質問などからの推察に過ぎませんが、やはり日常語の威力というのは凄いもので、用語の選択には今更ながら細心の注意が必要だと思うしだいです。

❖ロボットという言葉、そしてGPMへ

——ソフトロボティクスという言葉の意味、特に大西先生らがそこに込められている「想い」のようなものが、かなり掴めてきたように思います。

ところで、私自身も学生時代、少しばかりロボットを研究したことがありました。把持に関する研究がメインでしたが、もちろん、それは先生方がおっしゃっておられる意味での「硬いロボット」でした。そんな事情もありまして、位置決めや精度の問題は、その意味が直ぐ分かりましたし、懐かしい思いでお話を伺うことができました。

その一方で、「柔らかいロボット」といったものは、その概念すら今の今まで知りませんでした。今回、こうしてお話を伺いながら、自分の視野が大きく拡がっていくことを感じております。

さて、いよいよ本日、一番お伺いしたかったテーマに移りたいと思いますが、先生は最近「GPM」という考え方を提唱されているとのことですが……。

大西　はい、それは私も話をしたかったことなので、ゆるゆるとはじめましょうか。その前に、ロボットという言葉のルーツはご存知ですか？

——はい、それは学生時代に少し調べましたので、大枠では知っているつもりです。確かチェコの

作家であるカレル・チャペックの戯曲「R・U・R」の中に出てくる言葉だったと思います。

大西　その通りです。しかし、戯曲の中に登場する、まさにその言葉を決めたのは、画家である兄のヨゼフ・チャペックなのです。その語源は苦役を意味する「ロボタ」が転じたものだとされていますが、その言葉を最初に発したのは兄でした。名前をどうしようかという弟の相談に、仕事中の兄は絵筆をくわえたまま、いかにも面倒臭げに「ロボットと呼ぶんだね」と答えた、とカレルはエッセイの中で告白しています。

――そうなんですか。お兄さんは有名な画家だったそうですね。

ところで、原題は「Rossum's Universal Robots」の頭文字を取ったものだと学びましたが、ここにも何か秘められた意味があるのでしょうか？

大西　ロッサムというのは、ロボットを作った人物の名前ですが、その語源となった「ロズム」には理性という意味があるそうです。そして、その名を取って「ロッサム・ユニバーサル・ロボット社」という会社が興されたのです。戯曲は、その総支配人室からはじまります。そこでは女性のロボット「スラ」が、総支配人「ドミン」の口述をタイプしています。

――何だか読みたくなってきました。

大西　ここで注目したいのは、「ユニバーサル」という言葉です。すなわち、チャペックの頭の中にあったのは、人間の代わりに苦役を引き受けるロボットと呼ばれる人造人間が、やがてはその役回りに疑問を持つようになるという設定なのですが、「人間の代わり」になるということは、単に人型をしているだけではなく、ユニバーサル、すなわち万能性を持っているということです。

――なるほど、ロッサム社の万能ロボット、あるいは、万能機械といった感じでしょうか。

大西　そうですね。しかし、今、私達の目の前にあるのは、産業用ロボットに代表される単一動作のみに優れた機械にしか過ぎません。二足歩行をしたり、人の顔を読み取ったり、目にも留まらぬ速さで仕分けをしてみたりと、人間の能力を超える部分も少なからずありますが、それらはすべて個別のものであり、年賀状を仕分けるロボットは二足では歩けませんし、人とネコの顔の違いを理解はしても、倒れた人を抱え上げる能力はありません。

――まさに、その通りですが、分業ではダメだということでしょうか……。

大西　ダメだというよりも、ロボットという名前に負けていると思います。本来のロボットの意味に戻れば、人間の代わりになる……、何も苦役だけを押し付ける意味ではなくても、困っている人を助ける、動けない人の代わりに動く、といった万能性が期待されていたのだと思います。そして、現実はあまりにもこうした元々の意味から離れてしまった……。

——そこで、ＧＰＭという概念に辿り着かれたわけですか？

大西　お察しの通り。ＧＰＭとは、「ジェネラル・パーパス・マシン（General Purpose Machine）」の略で、あらゆる目的に使える機械、汎用性を持った機械の名称なのです。ＧＭでも良かったのですが、この名称は希有壮大な先輩のものですからね。しかし、ＧＭ（General Motors）にしろＧＥ（General Electric）にしろ、昔はその壮大な志を、そのまま社名にしたものが多かったように思いますね。

——汎用原動機に汎用電気ですか、確かに世界征服の匂いがしますね。汎用性というもの、あるいはある種の普遍概念を作ろうというのは、確かにロマンのある話です。ＧＰＭにおける汎用性、その身近な例といえばまずは何でしょうか？

大西　たとえば、「家庭にロボットを！」といったときに、料理はこれ、掃除はこれ、介護はこれ、といって「専門職」のロボットを多数入れることを考えるでしょうか。家族より多い数のロボットがある家庭になれば、それこそ謀反を起こされたら、さあ大変、なんて話になりかねません。また、電気代だメンテナンス費用だと経費はかさむばかりです。ロボットを導入するメリットは、これらの費用で一気に失われてしまうでしょう。

――そこで一台ですべてを賄おうと考えられているわけですね。

大西　そういうことになります。一台のロボットが、人間の代わりとまではいかなくても、複数の仕事に使えるという状況にならない限り、金持ちの趣味としてしか、ロボットは家庭の中では利用されないでしょう。

そこで、ＧＰＭという概念を提唱して、今一度、その本義に戻ろうと呼びかけているのです。そして、汎用性を持った機械とは、すなわち、力触覚を持った機械、ソフトロボティクスの概念の中に収まる機械ですから、まずは、私達が開発したシステムを駆使して、ＧＰＭの基本形となるようなものを、実機の形で提案したいと考えているのです。

――要するに、人間の代わりが務まる、人間の役に立つ機械は汎用性を持つ、その汎用性は「柔らか

い機械」においてはじめて実現される。そうした機械全般を、ＧＰＭという新しい概念の下で開発していこうというお話なのですね。なるほど、今までお伺いしてきた話が、すべてこの概念に繋がって一つになるわけですか。

大西　ロボットという言葉が独り歩きをし、その概念があまりにも拡がってしまったため、本来持つべき汎用性が忘れられていることに、大きな懸念を感じています。

誰しも、掛ける相手ごとに異なる携帯電話が必要で、そのそれぞれに違うタイプの充電器が必要で……、などというグロテスクなことは想像したくもないでしょう。しかし、ロボットの、とりわけ「硬いロボット」の未来は、そのようなものになってしまうのです。

——確かにそうですね。充電器くらいのことなら、メーカーに規格の統一を呼びかければ済む話ですが、人間の社会全体で考えれば、統一できない事柄ばかりですから、機械側でそれに対応することが不可能ならば、利用価値の極めて低いものになるのは当たり前ですね。

大西　この問題は、農家においては極めて深刻なのです。田植えも稲刈りも、一年の中でごくわずかの期間しか行われない作業です。しかし、そのときは各農家で一斉に行われますから、よそから借りてくることはできません。そんな中で、田植え専用機一台、稲刈り専用機一台、その他…ということで何から何まで専用機が必要な状況では、お金も保管場所もいくらあっても足りません。これは空想上の話ではなく現実なのですから、農家の皆さんは本当に悩まれておられるわけです。

この状況を改善するのは、ＧＰＭをおいてほかにありません。ハプティクスを用いた農業改革の必要性が、喫緊の課題として取り上げられるべき状況なのです。

――なるほど、一台の機械が多目的に使えるということは、ただそれだけで周辺の状況を劇的に変えるわけですね。

❖プレゼンテーションの難しさ

大西　先日の幕張のイベントでも公開しましたが、私達が開発しました「GP-Arm（汎用上肢）」は、異なるサイズの物を簡単に掴むことができます。人間の動作の記録・編集・再現が可能です。柔らかいパンを持つこともできれば、硬いグラスを掴むこともできます。そのサイズを具体的に教える必要はありません。力触覚を利用して、機械そのものがパンやグラスの大きさを学習して、それを持つにはどのように振る舞えば良いかを学ぶのです。その名称でもご理解頂けると思いますが、こうして一つひとつ作業できる範囲を拡大していくことによって、最終的な汎用機械、ＧＰＭを完成させていこうと考えています。

——力触覚というものが、どれほど重要なものであるか、お話を伺うたびに、明確に分かってきました。そういえば、昨年はポテトチップスを持ち上げるものもありましたね。

大西　はい、昨年の幕張では、ポテトチップスを掴んで持ち上げるハンドを紹介させて頂きました。その後、朝のテレビ番組などでも取り上げて頂きましたので、ご覧になった方もおられるかもしれません。しかし、私達のプレゼンテーションが至らなかったためでしょう、製造現場で働くエンジニアの方などから、「そもそもポテトチップスみたいな壊れやすいものを持ち上げる必要はない。持ち上げない製造工程を作れば良い」という意見を多く頂戴致しました。

——それは、少し趣旨が違うように思いますが……。

大西　そうした誤解を生んだのは、私達のプレゼンが、壊れやすいものを簡単に持ち上げることができる、という点にフォーカスし過ぎていたからだと思います。そうではなく、全く同じシステムでも、力を増幅しさえすれば、ペットボトルを握り潰すことも、鉄板をねじ曲げることもできる、ということを強調するべきだったのです。そして、その増幅とは、単にソフトのパラメータを変えるだけの話であって、ハードには何もする必要がないことを。

――すなわち、GPMであると……。

大西　そういうことです。もちろん、使っている素材の破壊限界を超えた力は出ません。あのハンドそのものは、3Dプリンターで打ち出した華奢《きやしや》なものですから、そうした用途には適していませんが、原理的にはそれが直ちに可能だということをお伝えするべきでした。そうしていれば、また異なった反応が得られたと思います。大いに反省しています。

――理解と誤解の間には、厄介があるといいますからね。いや、これは私が勝手にいっているだけですが……すみません。しかし、これも先ほどお話しされました「言葉の問題」かもしれません。それにしても、チャペック兄弟は、時代に先駆けた大変な才能の持ち主だったようですね。「名作は、決して古くならない」という言葉を思い出します。

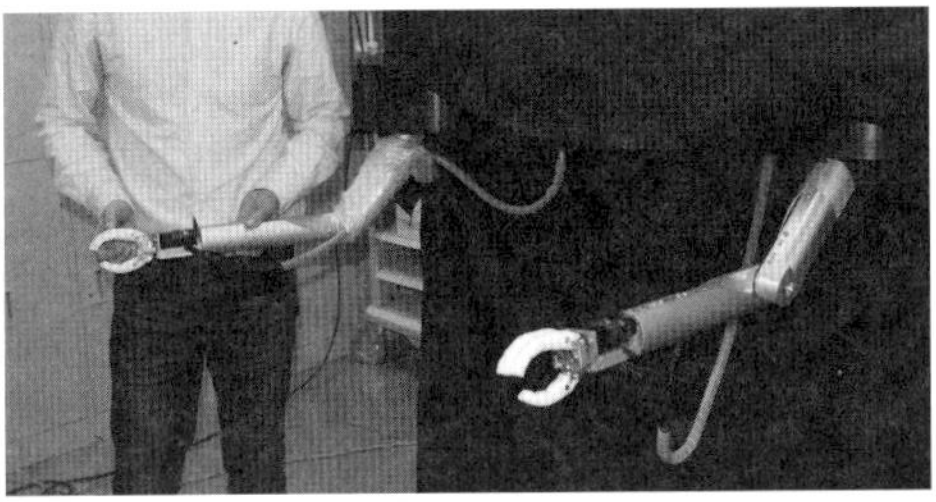

（上）マスターとスレーブ
（右）把持操作のデモ

GP-Arm

大西　ちなみに、チャペックが戯曲で描いたロボットは、ロッサム氏の化学研究の成果だとされています。すなわち、化学反応によって、人間に類するものを作ったのです。天地創造の代理人として、通常の生物とは異なる手法で同類を生み出せると仮定していました。もちろん、戯曲の登場人物の中での仮定ですが……。そして、そのロボットが機械工学により作られたものと誤解されることを、非常に嫌っていました。「歯車、光電池、その他もろもろの怪しげな機械の部分品を体内に詰め込んだブリキ人形を、世界に送り出すつもりは作者にはなかった」といって。

　逆に私には、化学の方面からＧＰＭと呼ぶにふさわしいものが生まれるとは到底考えられません。モータと歯車の世界に、力触覚を与えるということが、現代的な意味での機械に命を宿らせることだと考えているわけです。あの義手の動きを見て、気持ち悪く感じられた人には、この意味がお分かり頂けるものだと思っています。

——本日はＫＡＳＴにお邪魔して、さまざまなお話を伺いました。次はいよいよ、本格的な制御の内容に関してお話をして頂きたいと考えております。ありがとうございました。

第四章　双対性で掴む

　ＪＲ新川崎駅から歩いて十分ほどのところ、新川崎創造のもり地区に新川崎（K-Square：K2）タウンキャンパスがあります。ここは慶應義塾大学が川崎市と協働して２０００年に開設した研究拠点です。Ｋ２には先端研究教育連携スクエアが置かれ、近隣の矢上（理工学部）や日吉をはじめ、東京圏の六つのキャンパスから教員や研究者、大学院生らが参加する、産学官連携によるさまざまな共同研究プロジェクトが進められているそうです。

　そして、この敷地内に世界のハプティクス研究をリードする「慶應義塾大学ハプティクス研究センター」があるわけです。

　今回は、大西教授のお部屋にて、理論的な話をお伺いすることになっています。

［写真 © 長尾真志］

❖手回し発電機の実験

――本日は、いよいよ理論的な側面をお伺いするということで、少々緊張しております。お手柔らかにお願い致します。以前もお話しさせて頂きましたように、大学時代に「硬いロボット」に関しては、少しばかりかじった経験がありますが、先生方がご研究されておられる「柔らかい」ものには、その基礎がどこにあるのかさえ、全く見当が付きません。物分かりの悪い者の代表として、気長にお付き合い願えればと思います。

大西　はい、こちらこそ。片付きの悪い雑然とした部屋で申し訳ありませんが、お許し下さい。

今日はホンの少しばかり数式が出てきたり、図版に頼ったりしますけれど、大して難しい話ではありませんので、お気楽にどうぞ。編集者の方は、よくそうおっしゃいますが、誰しも何らかの層を代表しているわけではありません。物事の理解というものは、まさに千差万別、あくまでも個人に属するものなので、自分自身の問題として、考えて頂ければそれで結構だと思います。

――なるほど、自分の理解や、あるいは無理解が「一定の読者層を代表している」と考えない方が良いということですか。職業柄と申しますか、直ぐそういった発想になってしまうのですが……。

大西　計算が間違っているとか、筋の通らない文章になっているとかいうのは論外ですが、こうすれば分かりやすいだろうと思って、最大限の工夫をしたところが、むしろ分かりづらいと苦情をいわれる場合も多いので、最初から「万人向き」のような不可能なことは考えないようにしているのです。一般の方へ向けて準備をしても、大学一年生向きに準備をしても、「誰々向き」というのは成功した試しがありません。大学一年生といっても、毎年毎年、入ってくる学生の気質は変わっていますしね。最近では、易しいとか難しいとか、誰向きとかではなく、物事の本質を剥き出しにしていく方が、かえって上手くいくように感じています。

――確かに自分自身でも、以前は大いに感動した説明が、今はそうでもないことがよくありますし、昔は回りくどいなと感じた説明が、実は本質へ誘導してくれている卓抜なものであったことが分かって、少々恥ずかしい思いをすることもあります。

大西　これからご説明させて頂く方法も、ある方にとっては直観的で良いかもしれませんが、ある方にとっては大雑把過ぎるかもしれません。すべての人に「よく分かった」といってもらう方法はないと思うのです。もちろん、そうした理想を捨てているわけではありませんが、現実的問題として致し方ないわけです。これも一つの「工学的実現」だと思って、気楽に接して下さい。

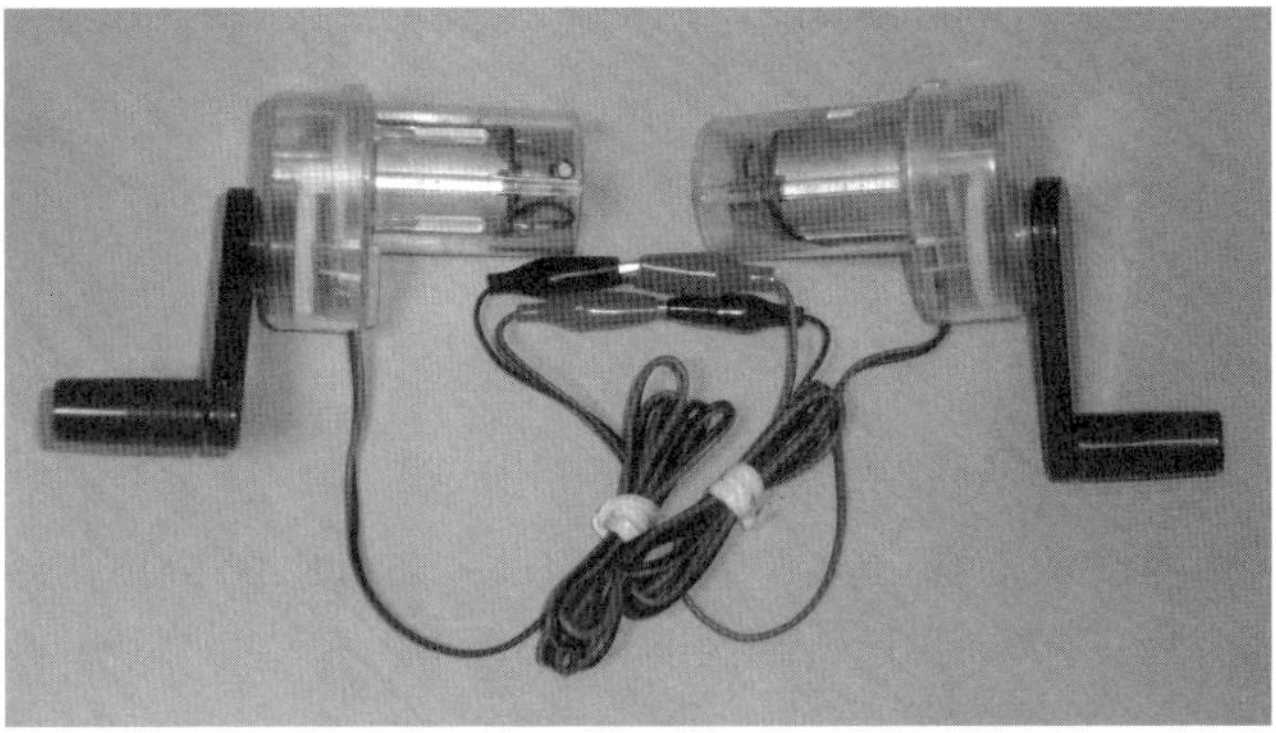

手回し発電機二台

――はい、分かりました。

大西　それでは、簡単な実験からはじめましょう。ここに「手回し発電機」を二台、準備しております。まず最初は、これで遊んでみましょう。

――これは小学生用の実験キットですね。

大西　そうです。まずは、そこにある豆電球を点けてみましょう。

――赤と黒のコードの先が、蓑虫《みのむし》クリップになっていますね。これらを豆電球のコードに繋いで、回しますと……。結構明るくなりますね。

大西　そうですね、早く回せばより明るくなりますし、遅ければ光も弱くなります。回転方向はどちらの向きでも、豆電球の場合にはその明るさは変化しません。

——はい、二台とも全く同じでした。

大西　これは中が見える構造になっているので、その仕掛けは誰にでも明らかですが、単なるモータが一個入っているだけで、ほかには何もありません。

——ハンドルがギヤを介して、モータを回すだけの仕組ですね。

大西　そういうことです。実は、モータは発電機にもなるわけです。電気を供給すれば、それは機械的な回転を引き起こすモータとして利用することができ、逆に機械的な回転を与えれば、それは発電機として電気を起こすというわけです。

——中身は寸分違わぬ同じ構造を持っているわけですね。

大西　そうです、まさに寸分違わず、全く同じものです。したがって、一個のモータを購入することとは、一個の発電機を手に入れたのと同じ価値を持っているわけです。

――この辺りは、小学生でも体験しているのでしょうか？

大西　こうした手回し発電機で遊ぶ機会は、体験学習などの時間であるようにも思いますが、「モータがそのまま発電機である」という所まで踏み込んでいるかどうかは分かりません。
　この「踏み込み」こそが、子供達を大いに驚かせ、科学への興味を呼び起こすきっかけになると思うのですが、どうもそう考えているのは少数派のようです。実際、大学のオープンキャンパスなどで行われているものでも、同様の傾向がありますからね。

❖双対性を掴む

大西　では、この二台のクリップを繋げばどうなるか。同色同士を繋いでもいいですが、ここでは赤と黒をクロスにして繋いでみましょう。一台は私が持ちますので、もう一台の方を持って下さい。

――はい、分かりました。

大西　では、私の方のハンドルを回してみましょう。

――こちらのハンドルが回り出しました。

大西　お互いに手で持って、ちょうど糸電話で話をするような形で、直線的に相対していますから、配線をクロスにすることで、一方から見て同じ方向に回転するようにしました。他意はありません。

――なるほど、その意味でのクロスだったわけですね。二台を一人で持って、ハンドルを自分自身の方向に向けている場合なら、同色を繋げば、同じ方向に回転するわけですか。

大西　その通りです。豆電球のときには、ハンドルの回転方向は無関係でしたが、モータの場合にはプラスとマイナスを繋ぎ替えることで、逆転しますので、こうした違いが出てきたわけです。
　さて、モータと発電機が同じものであることが、この簡単な実験で示されました。私がハンドルを回したことによって発電された電気が、繋がれたコードを通して、そちらの「発電機」に供給され、その結果、「発電機が回り出した」、すなわちモータとしての役割を果たしはじめたわけです。

――そうですね。逆に私の方が、このハンドルを回せば……。

大西　はい、その通り。今度はこちらのハンドルが回り出します。他愛もない実験のように思われるでしょうが、これでハプティクスの原理の「およそ半分程度」は体験してもらったことになります。

——エッ、そうなんですか？

大西　そうです。モータと発電機の同等性を理解して頂ければ、すでに富士山五合目辺りだと思って頂いてよろしいかと思います。まあ、五合目からが本当の富士山ではありますが……。

こうした同等性、ちょうど紙の裏表のように関係している二つの性質のことを「双対（そうつい）」である、あるいは「双対性がある」といいます。

——聞き慣れない言葉ですが、漢字の意味から考えて、双子のような関係のことでしょうか？

大西　そうですね、双子、表裏、明暗、世の中にはさまざまな双対性があります。電気の関係では、電圧と電流も双対性の代表のようなペアです。実際、数学的な定義や、細かい区別を横において、大枠での議論のみをすれば、双対性の名の下にまとめられる「何らかのペア」は山のようにあります。

——ここでは、モータと発電機の双対性をご紹介頂いたというわけですね。

大西　ええ、双対は英語で「デュアル（dual）」であるとか、「デュアリティ（duality）」があるとかいいますが、ここでお示ししたのは、モータとジェネレータのデュアリティです。この「双対性という概念を掴んで」頂くことができれば、ハプティクスの本質が見えてきます。

――双対性「を」掴めば、義手やその他の装置で見せて頂いた力触覚の本質が分かるというのですか？

大西　そうですね、少なくとも摩訶不思議だと感じてこられたことの、その一部は「合点がいく」というところまでいくと思います。

――そうしますと、力触覚による義手は、「双対性で掴んでいる」ともいえるわけですね。

大西　まさに、おっしゃるとおりです。原理的には、まさしく「双対性で掴んでいる」のです。

❖理想世界のMとG

大西　さて、モータと発電機の双対性の話を続けましょう。以後、表記の簡略化のためにモータ

（Motor）をMで、発電機をジェネレータ（Generator）のGで表すことにします。

――了解しました。

大西　先ほど、私がハンドルを回した際に、そちらのハンドルも確かに回りました。ここでは、その同期の具合に注目してみましょう。果たして、両者のハンドルは同じ速度で、同じ角度を動いていたでしょうか。

――確かに、正転と逆転はその回転方向を共にしていましたが、速度は回されるこちら側がやや鈍く、したがって角度も追随はしていませんでした。

大西　そうですね。これは全く当然の結果です。MとGが全く同じ構造を持っているとはいっても、それぞれに内部の摩擦があります。作られた電気がコードを通ることで、その内部でも減衰が生じます。よって、現実のシステムとしては、その何割かが失われた結果がM側に送られたことになり、回転速度も遅く、動きも同期しません。当たり前の話ですね。

さて、この当たり前を、当たり前でなくすのです。

――具体的には、どうするのですか？

大西　まずは、空想上の世界に逃げ込みましょう。機械的な摩擦もない、電気の流れを妨害する電気抵抗もない、重さのある物体が従うべき慣性もない、という夢の世界、理想の世界を空想してみましょう。理想世界のMとGの関係を、想像して下さい。そのとき、私がハンドルを回したことによって、Gの成果として生じた電気は、すべてそちらのMを駆動することに使われます。全く同じ構造のMとGが、あらゆるロスのない世界で互いに結ばれているわけですから……。

――全く同じ割合で回転をはじめる、ということですか？

大西　その通り。回転の割合も同じなら、その位置関係も変わりません。ハンドルが真上にあれば、相手も真上に、右回りなら右回り、左に回し直せば、直ちに左に同じ角度だけ動くわけです。

ここにドアのハンドルの模型がありますが、ちょうどこのドアハンドルと同じように、まるで二つのMとGが、その間を金属の棒で繋がれているかのように、完全に同期して動くわけです。

――しかし、実際に両者を繋いでいるのは、二本の電気のコードでしかないというわけですね。

大西　そういうことになります。私達は、そうした理想世界を考えることで、完全に同期して動く二つのハンドルを生み出すことができました。間を繋ぐのは単なる電気のコードですから、両者を何メートル離そうと、何キロメートル離そうと、地球の裏側まで持っていこうと、まるで「どこでもドア」のノブのように、両者はシンクロして動くわけです。

――しかし、実際にはそれを妨げるさまざまな要素があるために、そうそう簡単にはいかないということですね。

大西　そうなんですね。理想世界では、このように極めて簡単に遠隔操作が可能になるわけです。ならば、その理想世界を作ればいい、作るためには何をどうすればいいか、それを考えるのが制御工学という学問の一つの目的なのです。摩擦もある、抵抗も慣性もある中で、二つの装置を完全にシンクロさせるには、どうすれば良いか。その補償、すなわち足りないところを補って、あたかも、理想世界がそこに実在するかのごとく見せる機構を作りたいわけです。

――理想と現実の仲を取り持つわけですか？

大西　ええ、その精神を電気的に実現したものです。しかし、今はそんなもので驚く学生はいません。簡単な回路で、そうした同期はほぼ満足のいく精度で実現されることは、誰もが知っています。こうした仕組のことを「位置制御」と呼んでいます。すなわち、ハンドルの各時刻の位置が両者で一致していれば、全体の動きは同期するわけですから、位置を確かに確認していく、時々刻々のそのズレを修正していく、「位置の制御」が重要だということになるわけです。

――なるほど、ここまでの話は分かりました。理想世界では実に簡単な、まさに二本のコードを繋ぐだけでできたことが、現実の世界ではできない。そこで「位置制御」によって、それを試そう。実用に充分な精度まで、それを行うことはさほど難しい話ではない、ということですね。

大西　そうです。そして、この話こそが「硬いロボット」の本質でもあるわけです。

――アッそうか、だから簡単に分かったような気分になれたのですね。位置制御という言葉はもちろん知ってはいましたが、今のような説明を受けたことはなかったので、アレアレアレという感じでお話を伺っていたのですが、なるほど、だから「硬いロボット」では、位置決めをした動きしかできない、そこに相手がいようがいまいが、決められた位置まで突き進んでいくことしかできないわけですね。そして、それを回避するために、さまざまなセンサーが活用されているわけですか……。

大西　そういうことになります。その限界を超えなければ、柔らかいロボット、力触覚の伝達はできないのです。そのために、モータを倍に増やした発電機を、やはり二台用意しました。

――エッ、今度は四つのモータを操るわけですか。

❖差のモードは位置を制御する

大西　とはいっても、そんな大した話ではありません。手回し発電機のギアの部分に余分にもう一個モータを付けただけのものです。そして前例と同様に、同じものを二台用意しています。

――仕組としては、発電用のモータが単にギアを介して並列的に倍になっているだけですか。ほかには何もないのですか？

大西　そうです。モータの回転も完全に一対一の割合で回るようにしています。模式図的には、直線状に並べた方が簡潔なので、図にはそのように描きました。二つのモータを対面的に配置して、両軸をギアというジョイントで繋いだだけのものです。これでジョイント部を回せば、両側のモータが発電機として同じ量だけ発電をします。これで一台分です。

同じ物を二つ並べて、互いに近い方のモータのコードを繋ぎます。ここでも便宜上クロスに繋いでおきましょう。

——四つのモータが横一列に配置された図ですね。コードが出ている方を、仮にモータの背、軸が出ている方を頭と表現しますと、互いに頭を付き合わせた形で一台の発電機が構成されており、その二台の発電機は背同士を並べた形で置かれています。そして、二台のコードがクロスに結線されているわけですね。

大西　右側の二つをまとめて装置A、左側の二つを装置Bと名付けておきましょう。これを再び略記法に頼って表しますと、四つのGが横一列に並んでいるとも見なせるわけですね。

——そうですね。MとGの区別は、動かすか、動かされるかだけの違いですから、実際に実験をはじめるまではMと書いても、Gと書いても同じことですから。

大西　そこで今、Aのジョイント部分を手で回してみましょう。二つのGが同じだけ回転することで、同じだけの電圧が発生するはずです。

差：5V－5V＝0

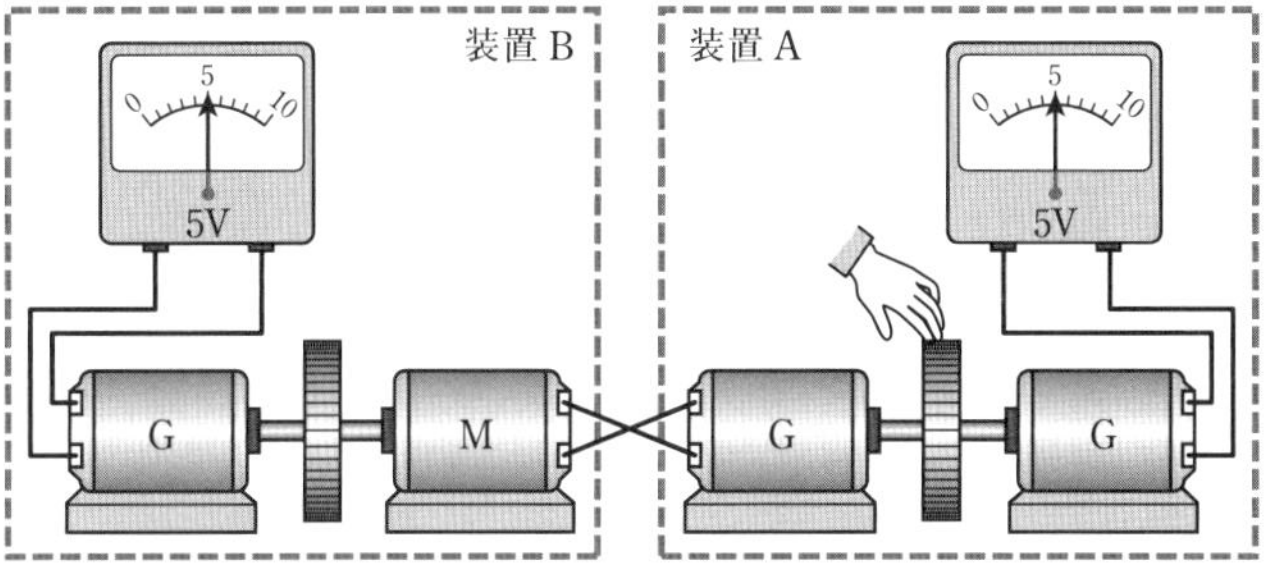

差のモード（Mはモータ、Gはジェネレータとして働く）

——そうですね。

大西　そのことを確認する意味で、装置A、B共に外側の二つのG、すなわち互いに結線されていないGのそれぞれに電圧計を付けておきます。そうして、今ジョイント部を回した結果、Aの電圧計に5Vの表記が出たと仮定しましょう。さて、さらに加えてここに理想世界を仮定しますと、その電圧はそのままB側に伝わります。そのとき、結線された対象はMとして働くことになります。

——そうですね。電気が外部から流れ込んできたわけですから、それはモータとして機能するわけですね。そしてジョイントで繋がれた外側のGを回すというわけですか？

大西　おっしゃる通りです。今、理想世界を考えていますから、Aにおける5Vの電圧はそのままBのMに伝わり、そのMはAの回転をそのまま再現します。そして、その結果、ジョイントで繋がれたBのGが、再び5Vを発電して、電圧計に同じ値5Vを表示するわけです。

——確かに理想世界においては、そうなるでしょうね。その結果、Aのジョイントを回したのと、全く同じ回転がBのジョイントに与えられたことになるわけですね。

大西　以上で、先の実験結果が再現されていることに気付かれましたか？

——はい、少し考えましたが、おっしゃる通り、最初の手回し発電機の結果と同様です。目に見えて違うところは、電圧計に結果が表示されていることだけでしょうか？

大西　そうですね。そこで、その電圧計です。今、理想世界では、Aの回転が確実にBに伝わっていることが分かりました。それが何によって明らかになっているかといえば、実はその電圧計の表示そのものが、それを保証しているわけです。

——なるほど、なるほど、電圧計の5V表記がそのまま、Bでも現れていることから、両者の間に全くロスのないことが示されているわけですね。

大西　そういうことになります。もし、どこかにロスがあれば、Bにおける外側のGが必要なだけの回転をしませんからね。そこで、この二つの電圧計の値に注目して、制御のシステムを考えようというわけです。理想世界を離れて、現実的な世界に戻ったとき、それでもなお、理想の世界を実現しようと思えば、どのように補償をすれば良いか、その規範にしようというわけです。

――電圧計の値を、制御の基本的なルールにするわけですか？

大西　もし、回転が上手く伝わっていなければ異なる値になる、上手く伝わっていれば同じ値になる、というわけですから、常に電圧計の値をモニターして、両者の差がゼロになるように全体を調整していけばいいということが分かります。これによって、位置制御の基本的なルールが得られます。

これを私達は「差のモード」と呼んでいますが、電圧計を参照値として、この差がゼロになるようにすることで、AとBの動きを完全に同期させることができるわけです。

――そうしますと、値を読み取るためにモータの数を二倍にされたということですか？

大西　大略、そういうことです。実際に、こうした方面での制御には、ロータリーエンコーダと呼ばれる縞模様の円板のようなものを使ったものが活用されています。これは機械的なカムを、電気的に実現したようなもので、これにより常に自分自身の位置を、この場合は角度になりますが、確認することができるようになっています。その代わりです。

——カムといいますと、いつも水車小屋の仕組のことを思い出すのですが、要するに回転する円板に欠落部分を作ることで、その位置に来たときだけ運動が行われる、水車小屋でいえば、杵《きね》が上下動する仕組を作るものですね。

❖和のモードは力を示す

大西　そうですね。今どきのシステムは、レーザー光線を使うなどして、機械部分を徹底的に排除した巧妙なものになっていますが、原理的には同じものです。

さて、こうして二つのハンドルを完全に同期させることができたとしましょう。その上で、仮にBのハンドルが何かにぶつかって、完全に止められてしまったら、そのときはどうなるでしょうか？

——はい、そのときは……、まずBの電圧計の表示はゼロになりますね。

大西　A側から5Vが出力されており、B側のMでもそれを受けた、にも関わらず、ハンドルが障

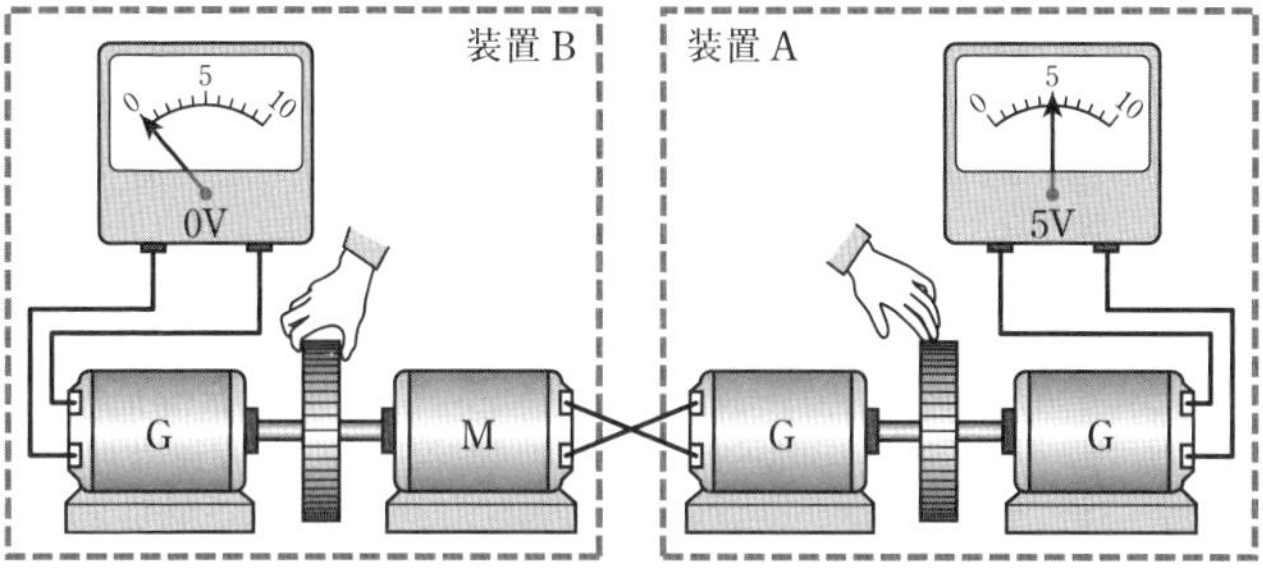

和のモード

害物にぶつかったがために、Gは全く回転せずにゼロV表記になる、その通りです。

さてこのとき、両者の電圧計をモニターしている人は、何を感じるでしょうか。A側の電圧計は5Vを表記しているのに、B側ではゼロになっている。このことから、B側のハンドルに何か「異変」が起こったと考えるでしょうね。

――はい、そうなりますね。それは、そうでしょうね……。

大西　今は電圧にすべてを託して表現していますが、より詳しくいえば、5Vの電圧が生じるようにハンドルを回した、それだけの力を加えたという意味です。その力が相手側に伝わって、同じような割合でハンドルを回すはずだったものが、なぜか回っていない。

これを力の関係と読み直せば、ある力に対して、それと向きが反対の力が生じているということになりますね。また、同じことを電圧の関係と見れば、5Vの入力に対して、マイナス5Vの電圧が生じたから、両者が相殺されてゼロになったと見ることもできるわけです。

――止まったということと、そこに何らかの理由でマイナス5Vが生じたと考えるのは、確かに同じことですね。足せばゼロになりますから。

大西　高校で物理を取った人は、ニュートンの法則というものを習ったことがあるでしょう。三つの法則といった形で講ずる場合がほとんどですが、あれは全体で一つの主張になっているので、本当はなかなか切り分けすることができないものなのです。

――標語的にいえば、「慣性の法則」「運動方程式」「作用・反作用の法則」の三つでしたか？

大西　そうです。これら三つが全体となって、いわゆる「力学の問題」が解決されるわけですが、今ここで重要なものは、最後におっしゃった「作用・反作用の法則」です。これは、力が持つその本質、すなわち、押せばその押しただけの力で押し返されることを意味しています。簡単にいえば、ハプティクスとは、この法則の工学的実現だということになります。

たとえば、机の上の本が独り勝手に動き出さないのは、本が机を押す力と全く同じ力が机の面上に発生して、両者が打消し合っているからなのです。力を記号Fで表し机を1、本を2という添字で表しますと、1から2へと加えられる力F_{12}と、2から1へと加えられる力F_{21}は、向きが反対で同じ大きさになりますので、足し算をすれば常にゼロになる、すなわち、

$$F_{12} + F_{21} = 0$$

が成り立つのです。ここでは、静止状態について考えましたが、対象が運動する物体であっても、こうした関係は時々刻々に成り立っていると考えられるのです。

――この辺りは、確かに高校でも学びました。

大西　力は、常にこうしたペアの形で現れます。作用のみ、反作用のみという形は取りません。したがって、以前もお話ししましたように、力触覚の実現には、同時性と共に双方向性が必要になるのです。押しっぱなし、押されっぱなしで、その返りがない状態では、力を実感することはできません。

そこで、この関係を先の装置に戻してみれば、5Vを送り込まれた装置Bが「ある力によって抑えられ」、その回転を止められて、ゼロVを表記していることから、「マイナス5V」を対象との交渉による反作用として見れば良いことが分かります。

この対応関係をA側に戻せば、Bが何かにぶつかったこと、何らかの力が加えられていることが理解されます。これが力触覚の実現に繋がります。

――なるほど、電圧計の表記の違いを力触覚の現れと見るわけですね。

大西　そして、それを見逃さずにおくためには、常に両者の電圧計をモニターしながら、その和がゼロになっていることを確認すればいいわけです。この場合なら、５Ｖとマイナス５Ｖの和がゼロということです。これがそのまま、作用・作用の法則 $F_{12}+F_{21}=0$ の一つの表現になっています。

私達は、これを「和のモード」と呼んでいます。これは一般には、力制御とも呼ばれていますが、私達は、両電圧計の表記を常にモニターしながら、差のモードをゼロにすることで位置を制御し、和のモードをゼロにすることで力を制御する、この二つを同時に行うことで、力触覚を工学的に実現することに成功したのです。

❖数学と工学の違い

――何となくですが、力触覚のカラクリのようなものが見えてきました。

大西　そうですか、それはよかった。今の話は、おっしゃって頂いた通り、力触覚のカラクリを見せる、それを「魔法の話」から「理想の話」へと変えていくために必要な一つのたとえ話でした。

そこで、次のステップとして、「理想の話」を「現実の話」へと変えていきましょう。私達が開発しましたコア、前にもお話ししました「ＡＢＣコア」において、何がなされているのか、その辺りを簡単にご説明します。ただし、これもまた大枠の話しかできないことをご了承下さい。かなり面倒な手続きですし、また特許の関係でお話しできない部分も多いのです。

――分かりました。手続きの面はともかくとして、その本質的部分は難しいものなのでしょうか？

大西　いえ、そんなことはありません。私達の開発しました手法は、非常に簡単なものです。また、必要とされる部品なども一般的なものであり、特別なものは何も必要としません。後でまた、お話ししますが、この点は強調しておきたいところです。

先ほどは、結合された二台の手回し発電機により、作用と反作用の関係がイメージできることをお示ししました。ここでは、いよいよ力学としてのお話しを致します。ただし、その原理は高校の物理の範囲を出るものではありません。まず、この辺りから話をはじめましょう。

――よろしくお願い致します。高校物理の範囲ということであれば、先にも出ましたニュートンの枠組が前提になりますね。

大西　そうです。それに加えて、バネ秤の原理が必要になります。ただ、使う数学も物理も簡単なものには違いないのですが、恐らくはこれらを学ばれた大半の方とは、異なる見方を要求される場面がありますので、できる限り先入観を取り払って考えて下さい。

——その先入観が問題ですね。私自身、講演などを拝聴しても、どうも自分の知っていることと突き合わせることばかりに熱中してしまい、自分を空っぽにして聞くことができないようです。反省はしているのですが、なかなか上手くいきません。

大西　確かに、そういった傾向はあるかもしれません。実際、講演などをやりましても、技術的な問題に全く不案内な人達の方が、大学などで周辺の学問を学ばれた人達よりも、核心に迫ったご質問を頂く場合が多いようにも思います。難しい問題ですね。

たとえば、速度というものをいかに捉えるか。ある時間の間にどれだけの距離を移動したか、その変化の割合を速度と呼んでいるわけですから、具体的には、「移動距離÷所要時間」が速度の定義だということになりますね。特にこれは、「平均の速度」と呼ばれています。

——はい、ここまでは中学レベルですね。そして、高校に入ると微分・積分などが出てきて……。

大西　確かにそうなんですが、すでにこの辺りに先入観が……いや、まだ大丈夫かな。

――オッと、もう危険地帯に入ってしまいましたか。

大西　数学は「理想の学問」であって、この現実世界に存在しないものを定義して、そこに繰り広げられる空想世界を論理によって突き詰めていくという性質を持っています。そんな性質を持つ数学が、現実の描写である物理や工学に役立っているのです。なぜでしょうか？

その理由はさまざまに語れますが、一番大きな理由は、物理や工学で扱っている概念がすでに理想化されたものだからなのです。だからこそ、理想の学問である数学が、あたかも「現実の描写」に役立っているかのように見えるわけです。ところが、本当の現実、理想化というフィルターを外した生の現実は、そうそう簡単に数式化できるものではないのです。

――先の速度の例に戻って頂くと、今のお話はどうなりますか？

大西　数学では「平均の速度」の分母、すなわち時間を限りなく小さく取った場合を考え、これを「瞬間の速度」と定義します。この計算の手続きが、微分と呼ばれるものです。この逆の計算、すなわち「瞬間の速度」から、位置を求める手続きを積分といいます。

しかし、工学で扱う現実の問題には、数学でいうところの限りなくゼロに近い間隔を採用することはできません。したがって、速度といえば「平均の速度」の意味になるわけですが、その時間の最小幅、この幅の取り方一つで、結果が激変する場合もあるのです。有限の量を操作していった果ての果てに、無限という考え方が登場するのですが、この両者は質的に全く異なる難しさを持っています。有限だからこそ難しいという面もあるわけです。

今、速度を対象にしてご説明致しましたが、時間での割り算は、あらゆる場面で登場します。そして、その最小幅とは、いい換えれば「現象を切り取る刻みの回数」です。動画の質を、一秒当たり何コマという形式で表現する場合がありますが、時間の幅を小さく取ることは、このコマ数を多くするのと同じ意味を持っています。

速度の時間的な変化の割合が加速度です。したがって、加速度には、移動距離から考えれば、時間に関する二回の割り算が入っています。その結果、加速度は最小幅の影響をより強く受けます。

――限りなく小さくという場合には、計算の方法が一つに定まっているのに対して、有限の値を定めるという場合には、その取り方に任意性があるので、別の難しさが出てくるというわけですね。

大西　しかし、これらは数学的な処理としての困難です。本当の難しさ、工学としての難しさはここから先にあります。物理や工学で数学が役に立つのは、諸概念がすでに数学的な理想化を経たものだからといいました。たとえば、質量です。力です。バネの伸びを示す定数です。これらは数学的な扱い、すなわち記号としての扱いに留まる間は、非常に綺麗に処理されます。しかし、これを現実の対象として計測し、制御しようと試みると、その奥に潜んだ難しさが一気に吹き出してくるのです。

❖ニュートンを騙す

――そうした工学としての難しさを克服するために、何が必要なのでしょうか？

大西　まずは大胆な省略、あるいは近似ですね。特に、ＡＢＣ方式の核になる発想は、時間の隙間に潜り込んで、矛盾する概念の仲を取り持つところにあります。ニュートンを騙すのです。

――何とまた、凄い話になってきました。

大西　私達は、鮮明な力触覚の再現に取り組んできました。力学の言葉でいえば、作用と反作用の関係を異なる場所で成立させることに挑戦してきたわけです。しかし、これは自然界の法則をそのまま再現させることではありません。私達人間が、作用と反作用が「確実に再現されている」とさえ感じればそれでいいのです。尺度は常に人間なのです。計測器ではありません。

──なるほど、そうしますと人間の感覚器官に対する挑戦であって、物理的な原理に対する挑戦ではないということですね。

大西　おっしゃる通りです。そこで、作用と反作用の同時性には、どれくらいの遅れが許容されるかを調べてみました。この種の実験は、いまだ誰もやっていなかったのです。その結果、約0.03秒以下であれば、全く何の違和感もなく、同時性が成り立っていると感じることが分かりました。この時間の幅を「感覚器官の瞬き」と捉えて、その隙に処理をしてしまうのです。理論的な計算では矛盾が出るようなものも、すべてはこの「瞬き」の間に処理してしまい、すべてが上手くいっているように見せるのです。すなわち、これは一つのトリックなのです。

──なるほど、ニュートン力学は厳密に成り立っているとしても、私達の感覚器官が捉えられない短い時間の幅の中では、色々と作業をするだけの「余白」があるということなのですね。

大西　たとえば、蛍光灯です。私達は、連続的な点灯だと感じていますが、ビデオカメラで撮影すれば、その明滅は明らかです。ＬＥＤを乾電池一個で点灯させる回路がありますが、本来５Ｖ程度必要なＬＥＤが、なぜ1.5Ｖで光るのか。これも明滅によるトリックです、連続的な点灯ではありません。

　最新鋭の設備で撮影された動画も昔のパラパラ漫画と原理は変わりません。人間が不連続だと感じないように、手早く静止画を切り替えているだけです。車のエアバッグも、作動している瞬間は見えません。気が付けば白煙の中なのです。

——以前もお話し頂きましたが、ハプティクスの成立条件として、双方向性と同時性が両立することを挙げられておられましたが、この同時性というものは、近似的なものだということなのですね。

大西　そうです。人間の感覚を問題にしている以上、人間に知覚できない出来事は無視して構わないのです。その意味での近似です。しかし、力の変化の様子には、もっと厳しい条件が付きます。

——なるほど、同時性をある幅の中に落とし込むことはできても、力の変化の様子が再現されないようでは、力触覚の再現とはいえませんね。

大西　同時性の問題は、通信環境下では拡張されて考えられます。ネットワークの中を経由して信号をやり取りする以上、それに附随する遅れは不可避です。しかも、その遅れは予測不能です。そうした環境下においても、利用可能なシステムとは、遅れを許容した上で、力の変化を確実に再現するものでなければなりません。これには、若い頃に研究しました「外乱オブザーバ」と呼ばれております推定システムを、拡張して用いました。通信の遅延を、外部から与えられた力の乱れと見なして取り込む手法ですが、これで遅れのある環境下でも力の変化そのものは確実に伝えられます。

――まさに、工学的実現そのものといったお話ですね。微積分の話を持ち出した際に、やんわりと釘を刺された意味がようやく分かってきました。数学的に不可能だとか、物理的に有り得ないだとかいわれると、何の吟味もすることなく、直ぐに同調してしまうのですが、数学は理想化の極致ですし、人の知覚に関わる物理現象なら、その限界を超えたところでは「不可能が可能になる」場合も充分考えられるわけですね。

大西　そういうことです。デジタル・メディアのほとんどは、人間の知覚の限界を利用して、簡略化された情報をやり取りしています。ＣＤは、人間が聞こえない高周波の部分をカットしたものですが、最近では、そのカットの影響が可聴範囲である低周波の「波形」を歪ませていることが問題視されるようになりました。しばしば「ＣＤよりも、アナログ・レコードの方が音が良い」といわれてきましたが、そうした問題もあったわけです。

私達のシステムでも、人間の知覚の外にある部分をカットしていますが、近い将来、力触覚のさらなる鮮明度が求められるようになれば、「スーパー・ハプティクス」であるとか、「ハイレゾ・ハプティクス」であるとかいった考え方で、カットしてきた部分からさらなる情報を抽出する必要が

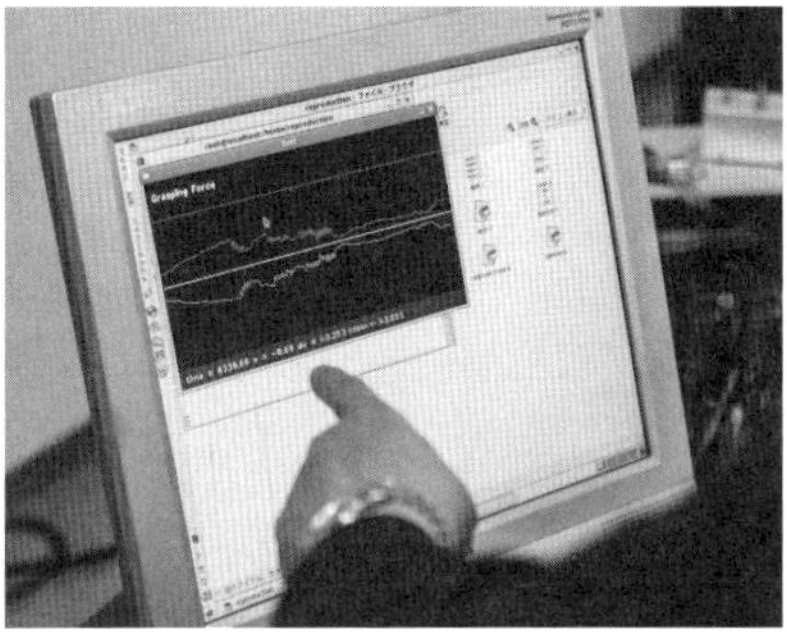

力の波形［写真©長尾真志］

出てくるかもしれません。

❖ABCからはじめよう

大西　ようやく準備も整いましたので、ABCコアの話に移りたいと思います。まずは、名は体を表すということで、名前の由来からお話した方が早いでしょうか。

――そうですね。英会話学校の宣伝文句のような語呂の良い名前ですが、これは何かの略ですか？

大西　はい、これは（Acceleration-based Bilateral Control）の頭文字を取ったもので、日本語では「加速度基準双方向制御」となります。双方向性が必須であることは、すでに何度もご紹介しておりますので、ここでは「加速度基準」ということの意味についてお話ししたいと思います。

まずは、ニュートンの運動方程式からはじめましょうか。

——はい、「質量と加速度の積が力に等しい」という関係、式で書けば各量を順にm、a、Fとして、$ma=F$と表せます。そして、位置の時間変化率が速度で、速度の時間変化率が加速度でした。

大西　そうですね、その加速度aに注目して制御規則を定める方式が、私達が開発しましたABC方式なのです。手回し発電機の例になぞらえれば、追跡する対象は電圧から加速度に変わります。そこで、装置A、装置Bの加速度をそれぞれa_A、a_Bと表しますと、次のようになります。

$$a_A + a_B = 0, \quad a_A - a_B = 0$$

和のモード　　差のモード

これらの関係から、まずは「和のモード」が力の制御、すなわち作用と反作用の関係を示していることが分かります。また、「差のモード」から、位置の関係を導くことができます。

——全体に質量mを掛け算すれば、運動方程式より力Fの関係として見直せるからですね。一方で、位置の関係を求めるには、時間を掛け算すればよろしいのでしょうか?

大西　速度が距離を時間で割ったものでしたから、逆に速度に時間を掛ければ距離が求められます。同様に、加速度に時間を掛ければ速度になりますから、この手順を逆に辿れば、距離の変化から加速度が求められるわけです。このように、加速度に注目することで、計算処理から位置と力の関係が導き出せるわけですが、実際にこれを求めるには、色々と面倒な問題が含まれています。

——先ほど指摘しておられました、最小の時間幅の問題でしょうか？

大西　もちろん、それもあります。一般に微分も積分も、区分を小さくしていった果ての果ての結果なのだから、有限の幅の中でもできる限り小さくした方が、良い値が出るだろうと単純に考えると、これがそう上手くいかないのです。そこには独特の工夫が必要です。

また、速度に時間を掛け算して、移動距離を求めようとしても、その出発地点が分からなければ、結果は一つに決まりませんね。時速百キロで高速道路を一時間走ったといっても、東京発なのか名古屋発なのかで到着地点は異なるわけです。私達はこうした不定性の問題も、これを困難と捉えず、むしろ諸条件を整えるための自由度として利用する工夫をしています。

さらに、位置の制御は硬いロボットを導き、力の制御が柔らかいロボットを導くように、両者は双対関係にありますから、これらを同時に成立させるためのトリックとして、ある時間幅の中で近似をし、ある部分の計算は省略する必要があります。実際には、加速度をあらわに扱うということはせず、それを内部に含んだ要素を対象に計算をしています。こうしたさまざまな工夫によってはじめて、システムが安定的に作動するわけです。

――安定性の問題と同時に感度の問題もあるでしょうね。

大西　おっしゃる通りです。たとえば、スポンジの感触を捉えようとして感度を上げれば、システム全体は神経質な反応をするので、鉄塊に触れた瞬間に処理は破綻してしまうかもしれません。また、鉄塊に照準を合わせた場合には、システム全体は鈍感になり、スポンジには何の反応もしないでしょう。双方に正しく反応するように設計しなければならないのです。対象の重さや硬さ、粘っこさなどをしっかりと拾ってこなければ、力触覚は実現されません。そこで、ＡＢＣコアの中では、人間の知覚の限界を一つの鍵として、全体が調和するように、各種要素を設定しているのです。

――今、こうしてシステムの中身の話を伺っておりますと、さまざまな要素が登場する中でも、とりわけ時間の大切さが分かってきました。力触覚の実現には、時間は極めて重要な要素になっていますね。

大西　その通りです。時間の計測は非常に重要で、システム中の時間の精度はかなり高いものがあります。まずはしっかりとした「時計」があってこそ、成り立つ手法なのです。また、力センサーを用いないことの意味も、この点からより明瞭になります。

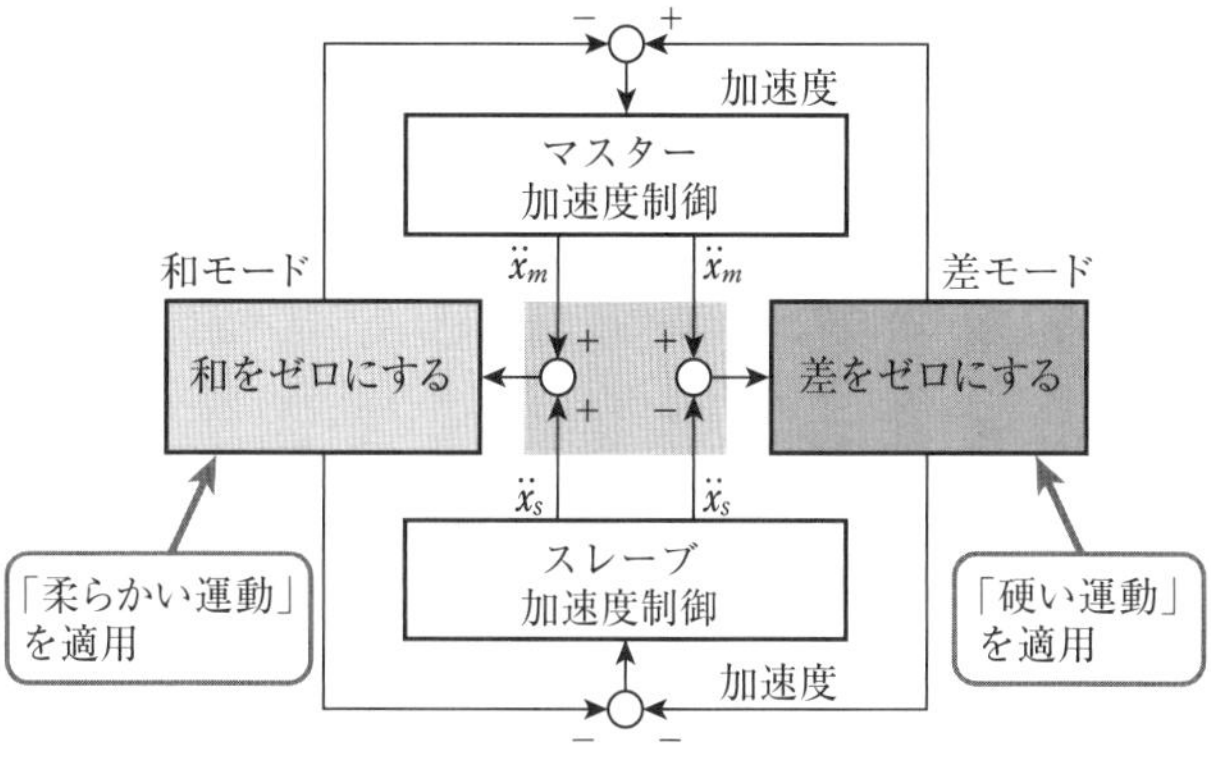

柔らかい運動と硬い運動を同居させて力覚を伝達する

ABC方式（力センサーなし）

――ここから力センサーの話に繋がるわけですか？

大西　位置と力の性質で、今までご紹介しなかった論点があります。それは位置情報がデジタル量として扱えるのに対して、力の情報はアナログだという点です。私達のシステムは、力センサーは使っていませんが、位置センサーは使っています。しかも、かなり高精度のものを使っているのです。力センサーは、先にもお話ししました通り、バネ秤と同様に、物質の何らかの変形を数値化するものです。したがいまして、必ず対象と接触します。それゆえに取り扱いが非常に難しく、また高価なものです。にも関わらず得られるデータは、直接的な物質の変形としてのアナログ量にしか過ぎません。高い精度は元より期待できないのです。また、１キログラムを計るバネ秤が、１グラムを計ることが難しいように、力センサーから得られる値の幅は狭いのです。その一方で、位置は目視でも得られる情報です。したがって、対象に非接触で計測することができます。精度も非常に高く取れます。その値はデジタル的です。1ミクロンを測る物差しで、1メートルを測ることもできます。

――なるほど、こうした視点で比べたことはありませんでした。

大西　このように、二つのセンサーは全く異なる性質を持っており、あらゆる面で位置センサーが有利なのです。高精度の時計と位置センサー、この二つが揃わない限り、私達の方法は機能しません。そして、位置と時間が精確に計れることから、速度は高い精度で計算されます。したがって、このシステムでは、位置も速度も処理の実体としては大差ありません。私達の立場からは、力センサーはシステム全体の精度を著しく下げるため、使わないのではなく、使えないのです。

また、センサーには重さがあります。その重さはアームの特性を変えてしまいます。非接触で計測できる位置センサーなら本体に組込むことができ、アームの特性には影響しません。組込む場所もアームの動きが取れる場所でさえあれば、自由に選べます。

こうして得た位置情報を元に、加速度を基準とした計算処理を一万分の一秒に一回、行うことによって人間には充分なレベルで力触覚を再現することに成功しています。より専門的なレベルでの説明は、論文によって公開されていますので、意欲のある方は是非一度読んでみて下さい。

――ようやく力センサーが無用だというお話が実感できました。当初から、この点が全く理解できなかったのです。繰り返しになってしまいますが、ロボットといえば、「各種センサーの塊」という先入観からどうしても脱することができず、力センサーを持たないハンドが、力触覚まで獲得しているというのは、まさに魔法のように感じていたのです。

大西　それは、確かにそうでしょう。私達も、この原理を発見するまでは相当の回り道をしましたから。一番重要な発見は、位置と力の双対関係に思い至ったことでした。

双対関係にある二つの要素は、多くの場合、異なる相貌を持っています。顔付きが違うのです。たとえば、電圧と電流、より一般的には「圧」と「流」ですが、これらは表裏一体、裏表の関係にありながら、その扱いやすさでは、電圧の方が遙かに便利です。電圧は回路の外部から測ることができますが、電流は回路を寸断させて、その内部に潜り込まない限り測定することはできません。

力と位置にも同じような趣があり、力そのものは決して扱いやすいものではないのです。そこで、双対関係にある位置の方に焦点を絞って考え直してみた所、全体を一気に透明化することができ、さまざまな問題が解決したわけです。力の伝達とは、双方向性を持つ作用反作用の法則と、同期性を必須とする追従性を同時に充たすことによってのみ実現されます。私達の言葉でいえば、和のモードと差のモードを調和的に充たすことが必要なわけです。

❖疑似感覚と実感覚

——ここまでお話を伺ってきて、はじめて「リアル・ハプティクス」におけるリアルの意味が見えてきたように思います。一番広い意味で用いられている「ハプティクス」という言葉の中には、コンピュータにより作られる仮想的、いわゆるバーチャルなものも含まれるということでした。また、ゲームへの応用でも知られている「振動を利用して擬似的に触覚を感じさせる技術」も、この中に入るわけですね。しかし、これらは現象の本質を捉えようとしたものではなく、あくまでも「人間がそう感じる」という心理的なもの、言葉は適切でないかもしれませんが、ある種の幻想を利用したものであって物理的な現象の伝達ではない、すなわち「リアルではない」ということになりますね。

大西　そうです。ハプティクスという言葉が知られるにつれ、この辺りの誤解もかなり増えてきたように思います。そこで、例を挙げて説明しましょう。私達の五感、その一部が「制限された状況」を考えて頂くと分かりやすいかもしれません。身近なところで、携帯電話を例に取りましょうか。

——視覚、聴覚が制限された中でも、携帯電話は振動によって着信を報せてくれますね。触覚が活きてさえいれば、電話が掛かってきていることは、見ることも聴くこともできない状況下でも確実に分かるわけですが、そういったお話でしょうか？

大西　はい。ただし、分かるのは着信したということ、その「合図」だけですね。確かに、振動によって何らかの情報が届いたことは分かります、それを拡張した疑似的な体験が、ある種の有効性を持つことも明らかです。これはゲームのコントローラーなどで実現されている技術です。しかし、電話の意義は通話の「中身」にあるわけです。ここに合図と中身との混同が生じているのです。

——着信を告げる振動と、会話そのものとの混同ですか？

大西　そこが重要なポイントなのです。両者が異なることは、あまりにも当たり前すぎて、改めていうにも及ばないことなのですが、少しでも見た目が変わると、混乱してしまう方も多いようです。

　実際、振動ではなく、聴覚に関わる問題に限定しても、電話の着信音と通話の音声が全く異なる意味を持つものであることは、誰にも明らかなはずです。着信音がいかなるものであっても、電話は取れます。通話には影響しません。逆に通話の内容は、着信音に影響を与えません。すなわち、両者は無関係なのです。しかし、誠に残念ながら、このような信号の到着合図や擬似触覚などの技術を指してハプティクスと呼び、通話の中身に相当する力触覚の伝送をもそれに含める方が多い。本来、実感覚の伝送は「リアル・ハプティクス」と呼ぶべきものであり、両者は全くの別物なのです。

——それは、「リアル」という言葉に込められた意味が、正しく伝わっていないということでしょうか。もしかすると、すでに振動などを利用することで、力触覚の伝送技術は実現されており、「リアル」という言葉は、単にその鮮明度を上げたものという程度の意味に取られているのかもしれませんね。

大西　そうかもしれません。映像の世界では4K、8Kといった高精細の画像が、「リアルだ！」と表現されていますからね。その連想から、一連の誤解が生じているのかもしれません。

——その意味では、私達伝える側の人間にも、誤解や思い込みがあって、状況をより混乱させている可能性もあります。「仮想世界の疑似感覚を操る技術」と、「実世界の実感覚を伝える技術」の相違が、「リアル」という言葉に込められていることを、もっと広く伝える必要がありますね。

大西　確かに、振動による疑似触覚技術の恩恵も充分にありますが、それは対象そのものの物理的な状況を表してはいません。振動による触覚技術が、それを受け取る人間の感覚そのものに依存しているのに対して、私達グループが目指してきたものは、ニュートン力学の原理にまで立ち戻った力触覚の本質、量的なものも含めた現象の完全な再現なのです。

そのためには、双方向性は必須です。振動を伝え、振動を返したところで、それは双方向性を持っているとはいえません。それは「合図に対して合図を返した」というだけのことです。そこに中身はありません。これが疑似触覚が「リアル」にはなり得ない理由です。私達が開発しましたＡＢＣ

ハプティクスハンドル

コアは、この双方向性、同時性といった力触覚の伝送に必須である問題を世界で初めて解決したものであり、リアル・ハプティクスの本質に、真正面から斬り込んだものだと自負しております。

――このコアにより実現されている一連のご研究は、すべて「対象の重さや硬さといった現実の物理量に起因する実感覚」を伝送する定量的なものであって、定性的な擬似的手法を改善することから得られたものではない、全く異なるアプローチであるということなのですね。

大西　おっしゃる通りです。この辺りもまた誤解の多いところなのですが、私達は、力触覚を「それが人間の脳にどう映じるか」という問題意識からではなく、「物理法則の工学的拡張」として捉え、その伝送に成功しました。したがって、アプローチはもちろんのこと、研究の動機からして違うのです。

　ただ一つ人間の特性を利用しているのは、作用と反作用の法則を完全な同時刻ではなく、人間が感じることができない「わずかな時間の隙間の中」で成立させていることだけです。したがって、この時間差の問題を除けば、私達のシステムは人に対してだけではなく、機械を相手にしても全く同様に機能します。今まで直接的に働いていた工作機械の間に組み入れても何の問題もありません。ただそれだけで、機械のテレハプティクス化が実現するわけです。何台のシステムを直列に繋ごうと確実に機能します、問題は誤差の評価だけです。

――ここからが、力触覚実現へ向けてのさまざまなご苦労が伺える絶景の地であるのと同様に、非公開の要素も含まれてくる禁止領域になるわけですね。力触覚実現のための大西システムの概要が、大枠の大枠に過ぎないとしても、何となく身近に感じられるようになりました。はじめは、双対性という言葉を伺っただけで、怖じ気づいていたのですが、その実態を丁寧にご説明頂いている内に、何となくイメージを持つことができるようになりました。

ありがとうございました。もし、お邪魔でなければ、今一度実験装置を拝見することは可能でしょうか。お話を伺った後で、その感触を実機で確かめてみたいのです。

大西　もちろんです。どうぞ、どうぞ。今、学生諸君に準備をしてもらいますから、少しここでお待ち下さい。その間に、珈琲でもいかがですか。今ちょうどポットの温度が、98度に制御されているようですので……制御って役に立つでしょう。

第五章　日本発で掴む

さて、インタビューの最終回は、大西先生のご希望によって、弊社会議室において執り行うことに相なりました。眼下に広がる神保町の風景を眺めながら、インタビューははじまりました。本日のテーマはズバリ、「日本の未来」です。

❖明治維新以降の日本

――ほとんど倉庫のような場所なんですが、本当にこちらでよろしいでしょうか？

大西　もちろんです。ここを選ばして頂いたのには、それなりの意味があります。眼下には神保町が、ホンの少し向こうには秋葉原があります。どちらも世界中探しても絶対に存在しない、究極の書店街であり電気街です。

――それは確かにそうです。

大西　こういった所に、日本文化の面白さや凄みが表れているのだと思います。俗に「混ぜる文化」などと呼ばれることもあるようですが、我が国には、宗教上のタブーも含めて、諸外国の方が気にされるさまざまな障壁がありません。美味しいものは食べてみる、面白いものは見て聴いて楽しんでみる、気に入ったものはトコトン研究する、不思議なものは中身を調べて複製を作る、そうした私達日本人にとっては、当たり前の、非常に素直な行動に過ぎないことが、ほかの国ではタブー視される場合が、かなりの頻度であるわけです。

——確かに、そういう面があるそうですね。

大西　日本は明治維新以降、西洋の学問・技術、社会の仕組や風俗など、さまざまなものを取り入れ、独自の方法で洗練させていくことで、いわゆる「近代化」を成し遂げてきました。その勢いは、それ以前にもあった、外国と交流をする、文物を取り入れるなどという「のんびりしたテンポ」のものではありませんでした。その結果、近代化とはいうものの、その実態は西洋化になってしまったわけです。つまり、良きにつけ悪しきにつけ、手本があったわけです。「あのようになりたい、ああなってはダメだ」と。したがって、これは単なる模倣ではなかったわけです。

——それは、そうですね。維新後わずかに十年ほどで、工業に関するあらゆる分野の主要著作が翻訳されたという話もありますからね。

大西　色々な意味で我が国は特殊な国です。単純な日本異質論に与するわけではないですが、かといって、これまた単純な「どこの国も同じだ」とする乱暴な発想に与するわけにもいかないのです。良くも悪くも、違いは違いと認めて、その差から何が生み出せるか、何が生み出せないかを、自らに厳しく問うべき時代になってきたと思います。まさしく、和のモードと差のモードです。

こうして神保町の街並みを見ていると、実に不思議な感じがします。

――どういった所でしょうか？

大西　これはよくいわれていることですが、文庫本は実は日本人の発明だというのです。そして、それは単なるサイズの話ではなく、世界中のさまざまな文化、その文化を代表するような書物が、ほとんど日本語に翻訳されていると。したがって、日本語さえ学べば、どのような変化についていけるはずだ、基礎的な文献を読むことに苦労しないのだから、というのです。しかも、それが驚くほど安く手に入る。古書街に行けば、人類の歴史、少なくとも書物として残されているものは、すべて手に入るのではないかと錯覚するくらい、驚くべき書物が残っているのです。こんな手厚い文化は他国には見られない。その象徴が、この神保町という街だというわけです。

――確かに、いわれてみればそうですね。この地で仕事をしていると、見逃してしまうというか、そもそもそうした問題意識を持てなかった、自分の頭の問題なのかもしれませんが。

スポーツにもそんな面がありませんか。言葉が悪いかもしれませんが、どんなマイナーなスポーツでも日本にはそれなりの競技人口がありますね。オリンピックで採用されるような有名な種目ですら、選手を送り出せない国が多数ある中で、大学のクラブや民間の有志の間からその気運が生まれるのでしょうが、世にある大抵の競技には、日本人の姿があるように思います。

大西　そうですね。人口の少ないヨーロッパの小国で、どうしてそんなにサッカーが強いのかと不思議に思ったら、ほとんどすべての成年男子がサッカーに興じるということで、競技人口の面では日本より多かったりするわけです。以前は日本でも野球に偏った部分はあったかもしれませんが、それでもさまざまなスポーツを楽しむ人はいました。もちろん、柔道、剣道、その他の格闘技も盛んでしたし、何より水泳日本とまでいっていたぐらいですから、競技人口は分散していたのです。

――そうですね、改めて考えると不思議ですね。

大西　そして、混ぜることも平気なら、新しいことを取り入れることも平気なのです。かなり誤解が多いように思いますが、西洋人、特にアメリカ人などは、それほど自由な発想をしているわけではありません。彼等にはタブーが非常に多い、もっと簡単にいえば、単なる好き嫌い、あるいは偏食が過ぎるといってもいいでしょうか。

何しろ、日本には身分の上下などありませんから。社長と平社員が、社員食堂で並んで食事をする国です。地位や役割上の区分はあっても、それは身分ではない。福沢諭吉先生のあの言葉は、私達日本人で知らない者はいないでしょう。しかし、アメリカではそうはいかない。イギリスでもエリートは住んでいる場所も違えば、言葉も違う。そもそも体格からして違います。そんな欧米人の立場に立てば、それは日本は不思議な国に見えるでしょう。

❖超成熟社会

大西　ところが、ついにお手本のない時代がやってきたわけです。平成26年版の高齢化社会白書によれば、２０５０年には65歳以上の人口が全世界の約17％に達し、中でも先進国ではこの割合が25％に、日本では40％になると予測されています。こうして、超高齢化社会を迎える日本は、世界に先んじた「課題先進国」だといえるでしょう。人類という進化の頂点に立つ生物の衰退のはじまりなのか、あるいは次の進化のはじまりなのか、それこそ神のみぞ知ることではありますが、少なくとも社会の大きな変化であることは間違いないでしょう。

これを「超成熟社会」として見据えたとき、継続的な発展性をどのようにして確保すれば良いのでしょうか。これまでのような工業生産量に代表される「量」の拡大が、そのまま社会の発展になるというパラダイムが通用しなくなることは明らかです。

このような世界的大問題を乗り越えるため、多くの課題解決に向けて、個人の身体性に基づいた支援もできるハプティクスの基本技術が絶対に必要です。そこで私達は、リアルハプティクス技術の実用化に向け、個人対個人、個人対ロボット、ロボット対実世界など、さまざまな組合せに対して、柔軟に接触行動や人間支援ができるロボットの創造にフォーカスを絞って取り組んでいるわけです。

――自分の子供達が活躍するはずの時代ですから、あまり気分の良い話ではありませんが……、日本が「超高齢化社会」の先頭に立つわけですか。

大西　もちろん、より速い速度で高齢化していく国もあるでしょう。しかし、それを解決する能力、その潜在的な能力がある国でなければ、参考にする相手にはならないわけですから、世界中が日本の動向に注目しているわけです。

そこで私達は、これまでもお話しして来ましたように、二足歩行ロボットや医療触覚鉗子、遠隔地の医師と患者の間でリハビリの動作情報が送れるロボット、あるいはヒューマノイドロボットの基礎となる、より少ないエネルギーで障害物との接触時の衝撃を抑えて歩ける大西研オリジナルのパラレルリンク型ロボットなどの開発を積極的に推進しています。

また伝承の技や熟練の技術を再現できるロボットや、年代ごとの動作を保存しておき、衰えてきた動きの復元をサポートするロボットも実現可能になります。ソフトロボティクス技術にさらにAIや画像処理を組合わせたフレンドリーなロボットもできるでしょう。もちろん、災害復旧、医療、土木など想定外事象が頻発する現場、微細作業が伴う手術や介護、人間にとって危険な領域の探索などでの活躍も期待されます。

――ハプティクスという技術的なお話、その本質である力触覚のお話から、日本の未来の話、やがては来る危機的状況に対する話にまで繋がっていくとは思いもよりませんでした。

大西　産業構造、その在り方の問題は国の基盤に関わることなので、まさに産官学がこれに関わるのは当然のことなのですが、これからやってくる時代は、もう少しパーソナルな問題も絡んでくるので、今までとはかなり違った側面が出てくるでしょう。

工作機械の独壇場である大量生産によるものづくり主義に、価格競争の激化による転機が訪れました。極端な過当競争と安価な輸入品との消耗戦に勝つために、国外への工場移転や製品の絞り込みを行った結果、生産量と輸出の確保には成功したものの、雇用と新産業の創出には結びつきませんでした。高度成長時代に成功した少品種大量生産の成功体験から抜け出る発想が出てこなかったからでしょう。たとえば「ものづくり基盤技術振興基本法」は、依然として、ものづくりとは工業製品の生産にあるという前提に立って産業振興を行おうとしています。

――経済誌などでも、産業構造の話、特に「ものづくり」に対する話は、賛否ともども華々しく繰り広げられていますね。

大西　確かに「少品種大量生産方式」は日本の生命線であったし、今後もその一翼を担うべきものです。しかし、日本がいつまでもこのような守りの路線に拘泥するようでは、未来はないのではないでしょうか。社会の持続的な発展には経済的な成長が担保されていなければなりません。

これからは、これまでとは正反対の「多品種少量生産方式」を確立しなければ、時代の要求を充たすことはできません。個人の生活を豊かにするために、定型のものを提供すれば良いという時代は終わったのです。個々人の趣味や各家庭の事情に合わせて、商品は変化していかなければなりません。そのためには、一台のロボットが何通りもの仕事をこなし、同じ手間と時間で、異なる製品を送り出していくだけのシステムが必要になります。

——産業用ロボットもまた、柔らかいロボットになる必要があるわけですね。

大西　そういうことです。加えて、新しいテクノロジーによる新しい事業展開、つまり「攻めの発想」が必要です。ニーズとなるキーワードはすでに世に飛び交っており、代表的なものとしては、「少子高齢化対応」や「安全社会の実現」などが挙げられるでしょうが、それが富を生むかどうかはテクノロジーのシーズに依存します。そして、ハプティクスとは従来のメカトロニクスやロボット技術では実現できない動作を実現する、新しいシーズ技術なのです。

——家庭にロボットが入る、その一番の目的は個人生活の補助になるからというお話でした。より安全な社会を作るためにも、柔らかいロボットが貢献するということですね。

大西　そうです。そして、少子高齢化対応や安全社会の実現に欠かせないのは医療の高度化です。医療には診断と治療がありますが、どちらも新しいテクノロジーによる高度化が求められています。たとえば、がん治療において外科的治療は重要ですが、同時に、体内触診などの診断も早期発見に繋がると期待されています。これらの例はいずれも接触動作を伴いますが、この接触動作をロボット支援技術で行うことが今後の医療には必要になると思います。

今まで、接触を伴う作業は、工作機械やいわゆるマテハン（マテリアルハンドリング）といって、自動化の過程の中での物品の搬送や工程の問題などでは実現されていますが、これらは力加減を必要とする作業ではありません。今後の新しい産業展開において、接触後の力加減を制御する作業を伴うことが重要です。それがメカトロニクスや産業用ロボットに見られる塗装や溶接などの非接触作業ではなく、組立・段取りなどの接触作業の自動化にも繋がり、生産技術のボトルネックの解決になるという期待も持てます。しかし、もっと大切なことはこの技術が産業界の技術に留まらず、広く社会に普及するオープンテクノロジーとしての可能性を秘めているということなのです。

❖「行為」は時空を超える

――日吉のときにも、お伺いしたことなのですが、ハプティクスの考え方を広めていく中で、「行為」という言葉を中心に概念の整理をされているとのことでした。そこで、この「行為」とは何か、ということを教えて頂きたいと思うのですが、そのお話をお伺いする前に、少し理論的な部分を再整理させて頂きたいと思います。

大西　分かりました。

――これは、「GPアーム」のところでも出てきたお話ですが、力の記録、再生などができるというのも、双対性を利用した結果だと理解してよろしいわけでしょうか？

大西　そうです。非常に乱暴にまとめてしまえば、私達のシステムは、力と位置の対応関係を示す数表を作っているようなものです。時々刻々の位置の変化ですから、これは速度と考えて頂いてもいいですが……位置と力、あるいは速度と力の双対関係が、たとえば、皆さんよくご存知のエクセルのよう数表の形でデータとして採取され、まとめられていくわけです。したがって、簡単に記録も、それを元にした力の再生もできるわけです。

また、単なる数表ですから、間を繋ぐ係数を何倍かすることで、力を大きくしたり、逆に小さくしたりすることもできるわけです。こうした数値の操作、実際にはソフトウエア上での数値の入れ替えになりますが、これを行うだけで、パワーショベルをスプーンを持つような感覚で操ったり、綿菓子に鉛玉のような感触を与えたりすることができるわけです。

手回し発電機の説明手法にまで戻れば、装置Aと装置Bの間に、電圧を何倍かする増幅器のようなものを挿入したと考えて頂ければ、分かりやすいと思います。そして、その増幅器のボリュームをいじることで、力の増減ができる、そんなイメージです。

――一番簡単な力の増幅器は、誰もが知っている、あの梃子《てこ》だと思いますが、梃子の腕の長さを選ぶようなことが、力を直接扱うのではなく、その双対を扱うことで、電気的な回路やソフトウエアで実現できたということですね。

大西　その通り、まさにおっしゃる通りです。この方法によって、名人・達人の筆捌きのようなものも、その軌道だけではなく、力の配分までも含めて記録、再生ができるようになりました。我が国伝統の「所作の文化」も、その奥に秘められた「力加減」まで含めて、一枚のエクセルシートに残せるとしたら、後継者問題にも一条の光が差し込むのではないでしょうか。

以前にもお話しさせて頂きましたように、こうした人間が普遍的に持っている位置と力を協調させた動き、これを「行為」と呼んで整理しているところなのです。

――なるほど、そういうことでしたか。

大西　ハプティクス研究センターでは、「行為」の可視化、超人化、記録・加工・再実行といった編集技術の具体化を進めています。これは現在、次のように表現されています。繰り返しになる部分もありますが、「まとめ」の意味も込めてご覧下さい。

実際、私達もハプティクスがもたらすさまざまな分野における世界観の変革をまとめ、統合的に理解するために、こうした新しい概念を提唱しているのです。

●人間の「行為」を切り出し、記録する

▼多様な行為実行を実現するコンテンツを商品として、ネットワーク上のコンテンツセンターに集積し、必要時に必要なコンテンツをダウンロードして、ローカルに実行可能。

▼元々一つの「行為」であった二つの双対な物理量を、独立に記録することで不都合なく再結合可能とし、「行為」の再実行を達成。

●保存した行為情報は編集も自由自在

▼「行為」の編集は力と速度（位置）で別々に行う。

▼編集機能を使うことでさまざまな場面に対応可能。

・記録時より重いものや硬いものを把持するときは力を強く、柔らかいものや脆いものを持つときは力を緩く。

・遠くに運ぶときは移動を大きく、近くに運ぶときは移動を小さく。

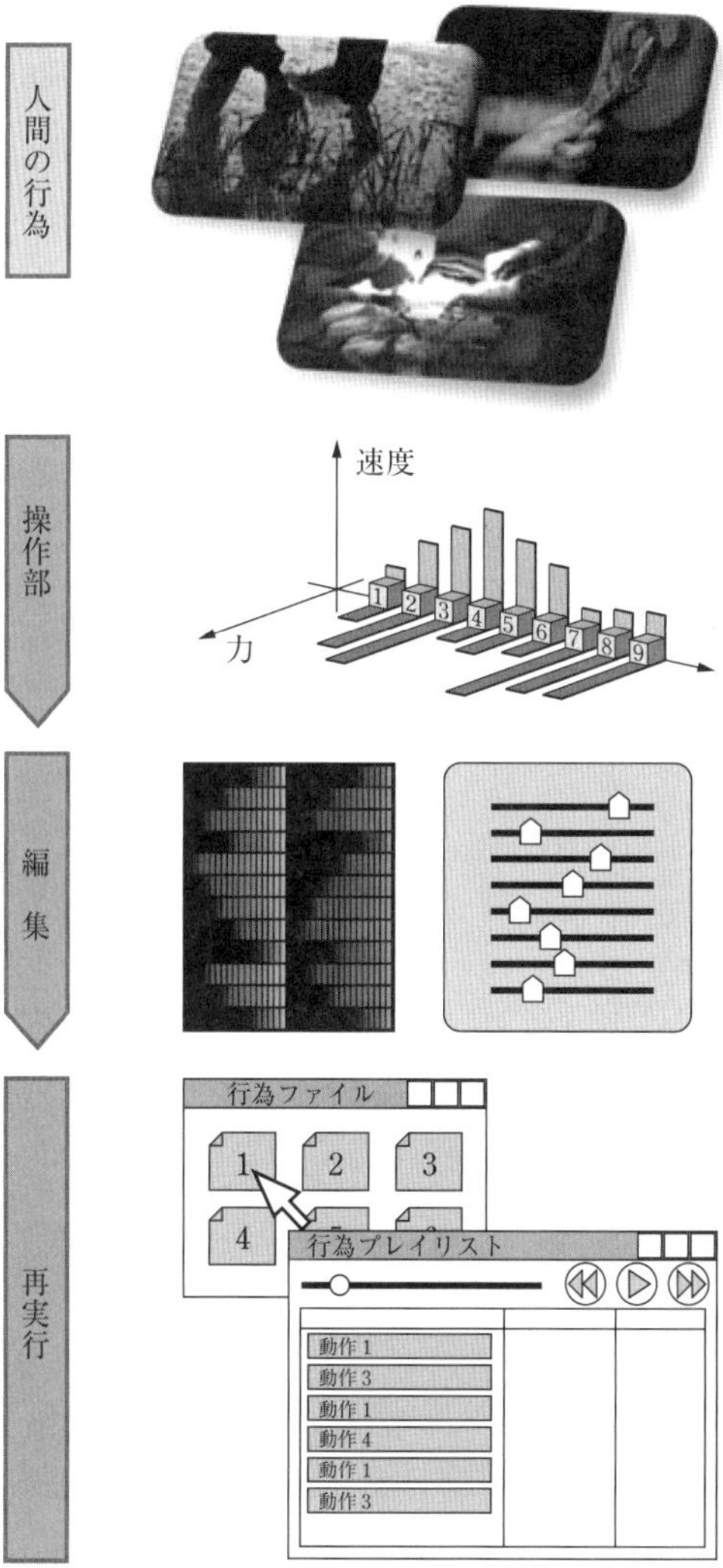
人間の行為
操作部
速度
力
1
2
3
4
5
6
7
8
9
編集
再実行
行為ファイル
1
2
3
4
行為プレイリスト
動作 1
動作 3
動作 1
動作 4
動作 1
動作 3

「行為」の記録・加工・再実行

・早く作業を進めるときは時間を早く、じっくりと行為を観察するときは時間をゆっくりに。
・振る、叩くなどの反復動作は部分的に切り取り反復利用。
・繊細な行為ではフィルタリングを利用し、手ぶれなどを除去。
・「行為」の周波数情報を変化させ、小さな動きも感知しやすく。

●「行為」を並べ、再実行
▼編集した行為はプレイリストのように並べて、次々実行することが可能。
▼一度記録した「行為」は反復実行や逆実行も行える。
▼編集と組合わせることで、記録した複数の「行為」から、新しい「行為」にアレンジが可能。
・「つまんで置く行為」は、(1)つまむ、(2)置く、に分割し、(1)→(2)→(1)（逆実行）→(2)（逆実行）とすることで、「つまんで置き、元の位置に戻る行為」にアレンジ。
▼「行為」の記録・再実行は人間の暗黙知ごとデータ化。
▼人間のように繊細で力強く優しい「行為」、人手に頼っていた難しい作業の自動化を達成。
▼過去の自分の「行為」との比較も容易、福祉介護などでも活用可能。
▼同じ「行為」を何度も行うことができ、「行為」の規格化などへの発展も見込める。

このように、動作の記録、再現によって人間の代替として活用可能なだけではなく、音声や動画と同様に、高速化や切り貼りといった編集もできますので、人間以上の作業の効率化、これを私達は「超人化」と呼んでいますが、これも可能になります。データファイルを圧縮するように、人間

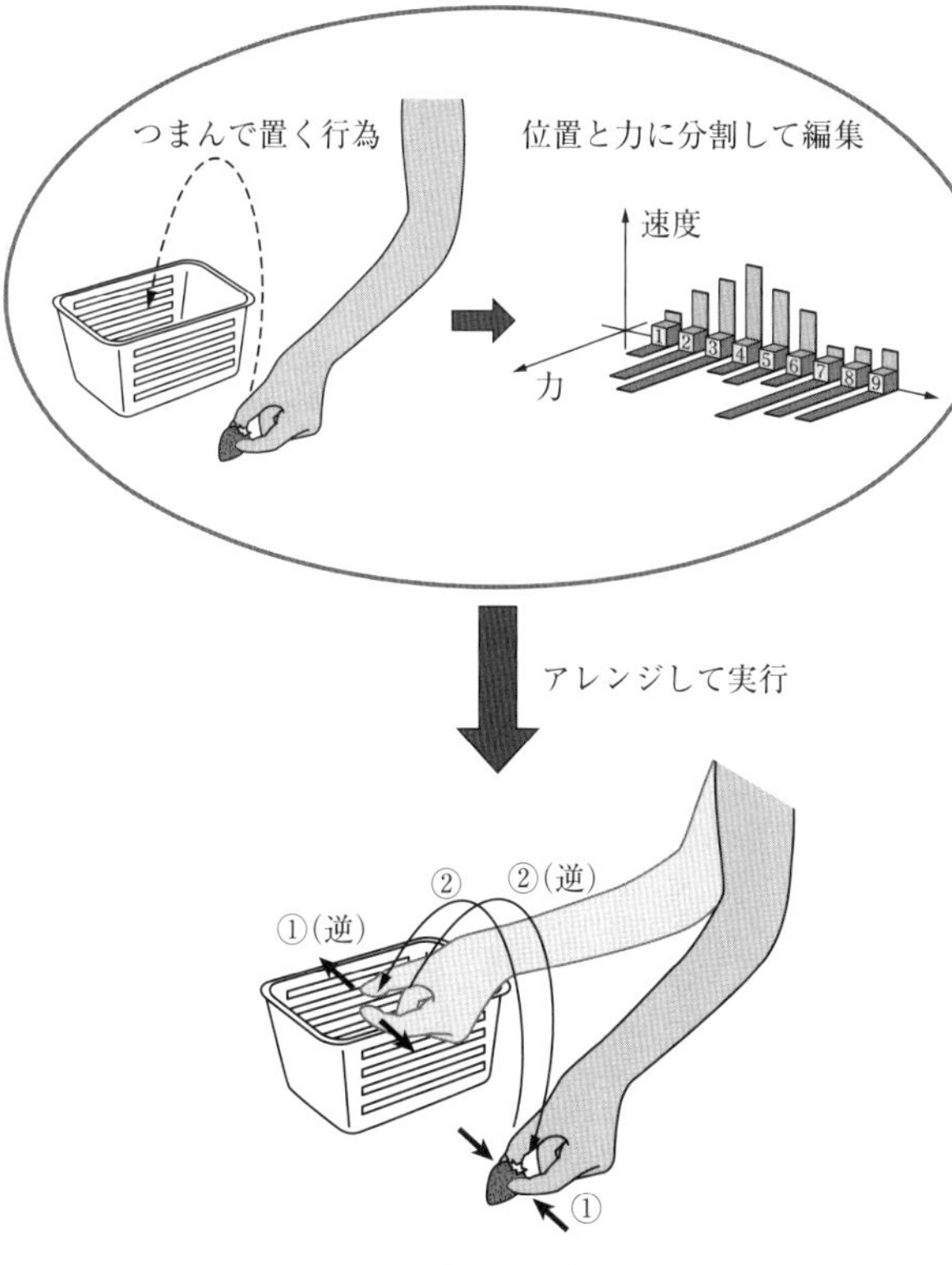
つまんで置く行為
位置と力に分割して編集
速度
力
1
2
3
4
5
6
7
8
9
アレンジして実行
②
②(逆)
①(逆)
①
・「つまんで置く行為」は，①つまむ②置く，に分割。
・①→②→①の逆実行（離す)→②の逆実行（戻す）と実行する
ことで「つまんで置き，元の位置に戻す行為」にアレンジ

「行為」のアレンジ

の繊細な技を残したままで、作業工程の圧縮や最適化が図れることから、これまでとは違う視点からの「無駄のない動き」の再検討がなされることでしょう。

私達は、こうした大変革の時代の先頭に立つべく、近々ベンチャー企業を立ち上げる予定です。学理の夢を超え、関連する技術を結集させて、連携する企業との共同開発をより円滑にしていきます。日本の独創的技術は、まず日本において「その応用の華を咲かせるべきだ」と信じるからです。

❖新時代のハムレット

――記録、編集、再生となりますと、音楽や映像と全く変わりませんね。


大西　そうですね。双方向性、同時性というものを保ったままで、動きや力加減を冷凍保存するようなものです。圧縮や最適化の検討から今まで気が付かなかった新技が生み出されるかもしれません。ちょうど囲碁や将棋でコンピュータが新手の存在を示唆しているように。

新規のマーケットも拡がります。ソフトロボティクス系の市場としましては、熟練者の動作を抽出、実装した「匠システム」。プラントの保守、トンネル内の点検。ティーチングレスの新しい産業用ロボット、福祉・介護の人間支援、農業支援。組立、段取の自動化などが挙げられます。

また、遠隔系の市場としましては、力覚伝送システムを基礎に、力覚通信、力覚放送。海底や真

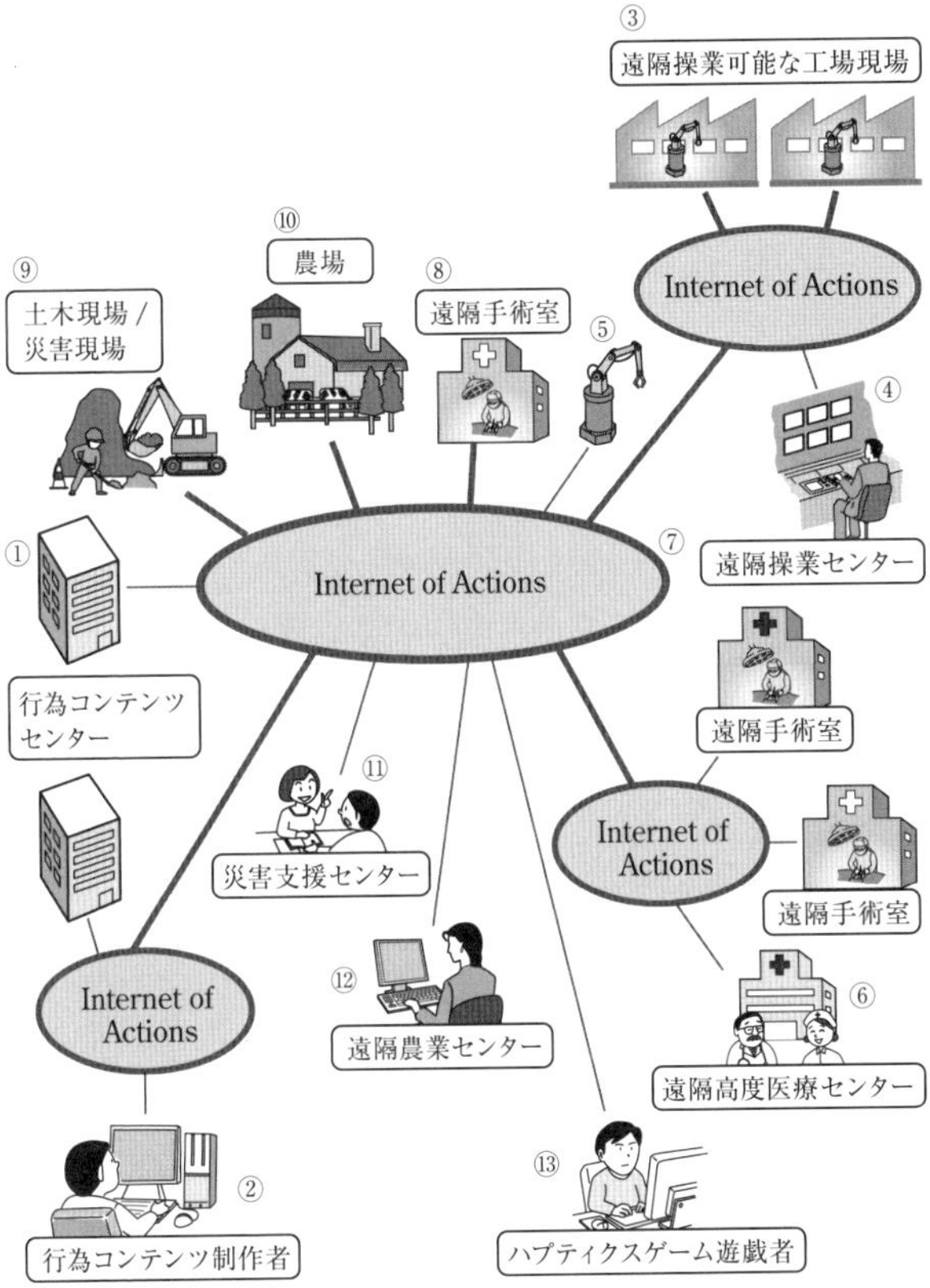

- コンテンツをコンテンツセンターに集積。必要時にダウンロードして実行可能とする：①, ②
- 生産ラインの操業を遠隔化。操業センターから臨場感を持って現場操業可能：③〜⑤
- 高度な医療手術を力触覚で高度化・安全化支援するとともに，遠隔地から診断・手術を可能：⑥〜⑧
- 土木現場，災害現場，農業現場の重機に力触覚を実装。人と機械とが一体となって高度な作業が可能に。遠隔からも操作できる：⑨〜⑫
- ゲーム遊戯者がネットワーク上の仮想相手と力触覚を観じながらゲームを楽しむ，仮想でなく人間同士の対戦可能：⑬

ソフトロボティクスが拓く未来社会

空などの極限環境下での作業。そして、遠隔治療、遠隔マクロ・遠隔ミクロ作業などなど、どれも誰も足を踏み入れたことがない新しい市場、まさに、ブルーオーシャンです。これらは、二十一世紀の日本を発展させる、極めてユニークな原動力となることでしょう。

――位置と力の関係が、数表のようなものにまとめられるのであれば、確かにおっしゃっておられるようなことは、容易に実現するわけですね。少しずつですが、「力触覚の伝送」という問題に対する実感のようなものが湧いてきました。

大西　要約すれば、「行為」は設計することができるということです。そして、それを実現するためのハードウエアをＧＰＭと呼ぼうということなのです。

人間が行う「行為」を「位置と力に分解し、記録、編集、再実行を可能にする」ことで、人間の「行為」は時間や空間を超えていきます。これは人類がいまだ経験したことがない、全く新しい世界観をもたらします。ハプティクス研究センターでは、ネットワーク上の機械、人間、操作内容を記述するコンテンツをダイナミックに連結・連携して機能させる世界を、「ＩｏＡ（Internet of Actions）」と呼んでいます。

以上のことを成し遂げるその基礎が、力触覚の獲得にあったわけです。ここで、その理論的な背景をこれまでの内容を振り返る形でまとめておきましょう。

――ありがとうございます。お願いします。

大西　まずは、柔らかい運動、硬い運動の意味から思い出して下さい。

柔らかい運動とは、力が決まっていて、位置が決まらない、位置不定の運動でした。つまり、「押せば引っ込む運動」、あるいは「負けてくれる運動」だったわけです。これは、接触動作を得意とするもので、力制御と呼ばれていました。人にたとえれば融通無碍。

一方、硬い運動とは、位置が決まって、力が決まらない、力不定の運動でした。どんなに力を加えてもビクともしない、「押しても動かない運動」、あるいは「負けない運動」だったわけです。これは、自由空間での動作を得意とするもので、位置制御と呼ばれていました。人にたとえれば、頑固者。

――先生が提唱されておられる「行為」に関しまして、その全体像をお示し頂いた後だからかもしれませんが、柔らかい・硬いの意味が、さらによく分かったような気がしています。人間の「行為」は、これら二つの運動の組合せでできているのですね。

大西　そうです。これら二つの運動に対する制御則、すなわち、力制御と位置制御の組合せにより、あらゆる「行為」は実現されるのです。環境に対する適応性を強めるには、力制御に割くエネルギーを増やします。位置の精度を高め、運動の頑健さを強めるためには、位置制御にエネルギーを回します。こうした配分を随時行うことで、あらゆる「行為」というものが記録、再実行されるわけです。

――そうした「行為」を自在に操るシステムの登場によって、まさに新世界の誕生を思わせる、大変革の時代がやってくるのですね。

大西　ここには記載しませんでしたが、新しい概念、新しい言葉は、新しい哲学をもたらします。社会や経済だけではなく、文学、哲学、心理学、藝術といった分野にも、今後ハプティクスは大きな影響を与えていくものと思われます。

――そうですね。技術革新が人々の暮らしにもたらす恩恵は、決して便利さだけではないはずです。

大西　そういうことです。

シェイクスピアはハムレットに『言葉、言葉、言葉、私は言葉を読んでいるのだ』といわせました。新しい時代の作家は、人の煩悶を描くに際して、『力、力、力、私は力を感じているのだ』といわせるでしょう。人は言葉から学び、力から感じることで、心身一如の新境地に至るものと大いに期待しています。私達の身の回りは言葉で溢れています。そして、同じ意味で力も溢れているのです。

　古来、日本人はありとあらゆることを記録してきました。それは身分や立場によらず、事の大小を問わず、身辺雑事に至るまで、自由闊達な筆はいかなる時代にも止まることがなかったのです。そんな私達が、力を、「行為」を記録する手法を手に入れれば、そこに何が起こるでしょうか。恐らくは、同じことが起こるのです。そして、それは一大アーカイブをなすことでしょう。力の図書館の誕生です。「行為」が普遍的価値を持つものとして、すべての人々に認識される新時代が、もうそこまでやってきているのです。

——近い将来、私ども出版社も『力と私』といったエッセイ集を編むことになるのでしょうか。編集担当は、校閲は、印刷、製本、カバーは帯は、一体どうなるのでしょうか。ここまでお話を伺ってきて、これらが決して遠い未来の話ではないことを実感しています。

大西　インターネットが一般に広く使われるようになってから、わずかに二十年です。それ以前とそれ以後を比べて頂ければ、私達の暮らしがどれほど変わったか、よくご理解頂けるものと思います。もちろん、変わらないものも山のようにありますが、その一方でわずか二十年の歳月が、根こそぎ変えてしまったものも多くあります。私達は、慎重にそして大胆に、こうした大変革の時代を、すべての人の幸福のために、デザインしていきたいと念願しております。

❖教育の問題

——若者の何々離れという紋切り型の表現が大流行です。マイカー離れや活字離れにはじまって、ついには「若者の若者離れ」にまで至り、最後は恐らく「人間離れ」になるというオチでしょう。教育の問題は、万古普遍の大問題だと思いますが、大学教授のお立場から、日本の教育問題について、特にものづくりの問題についてお伺いしたいと思います。

大西　そうですね、「理科離れ」という言葉もいまだに横行していますよ。しかし、我々の世代にしても、そんなに読書家が多かったわけではありません。さらに上の先輩方の世代にしても、そんなには変わらないでしょう。夏目漱石の時代、大学といえば東京大学のことを意味し、学生さんといえば、すなわち東京大学の学生であることを意味した時代なら、少しは違ったのかもしれませんが。同じく明治の小説家であった斎藤緑雨は、そうした意見にも肯定的ではありません。皮肉屋の緑雨の筆は、天下の「学生さん」を斬りまくっていますよ。

——そういう話を伺うと、何か安心するといいますか、まあそんな自分自身の怠慢を歴史を根拠に慰めてみたところで、何の得にもなりませんが……。

大西　昔の人は偉かったという話は、確かにその通りだと思うものと、時代の変遷を考慮すれば、誤差レベルに入ってしまう話がありますね。たとえば、簡単な例を挙げれば、体操競技の難度の問題があります。前回の東京五輪のときには、C難度が最高レベルでした。それを超える技が、ウルトラCと呼ばれたわけですが、今は普通の技のレベルになっています。

鉄棒の着地においてのみ、ギリギリ可能だといわれていたムーンサルト、月面宙返りなどとも呼ばれていますが、あれだって、今は床運動などでも平気で出てくるわけでしょう。

その一方で、電気もガスもなく、電話もなかった時代における自己省察は恐らく、現代人には到底不可能な深いレベルに達したのではないでしょうか。何しろ、現代は色々と雑音が多すぎますから。

――そうですね、野球でいえばタイカップとイチローのヒットの数を比べてみても、何が分かるというわけではありませんね。昔の読書家は、生涯に目にする書籍の数も圧倒的に少なかったわけですから、一冊の本を精読することだけが、読書家を名乗る資格だったと思われます。今は誰もがその数を競っているような、何か釈然としない状況にあります。

大西　そうした時代の移り変わりの中で、それでも変わらないもの、永久とはいいませんが、せめて一人の人生の中ではなくなってしまわないものを指導していく必要があります。先端研究と呼ばれるものは、そうした意味で基礎教育の場で語るには非常に危険なものなのです。

――それは全く同感です。流行廃りの激しいものを、「時代を読む」といった空言で講義されても、卒業する頃には、そんな技術はもう使われていない、あるいは、すべて機械化されて人間の出る幕がなくなっているということになりかねません。

大西　ですから、大学の先生方には長いスパンで教育を見て頂く必要があります。もちろん、これは自戒を込めていっているわけですが、この点は何より重要だと思うわけです。

私達のグループは、確かに前例のない研究をいくつもやっており、その意味では先端研究を追求している研究者の集まりではありますが、ではそうした研究グループに入ってくる新しい人は、先端、先端といって走り回っていた人達か、というとこれが全く違うわけですから。

――その辺りは非常に重要なご指摘だと思いますね。たとえば、先生ご自身の少年時代はいかがでしたか？

大西　私自身は不勉強そのもので、参考になるものはないと思いますが、まずスポーツに強い興味があり、身体を動かすことが大好きだったことは間違いありません。そのおかげかどうかは分かりませんが、特に大きな病気をすることもなく、バリバリと働かせて頂いているのは、若い頃の蓄積あってのことだと思わないでもありません。

——そうですね。大学に入って、ようやく自分の好きな学問が見付かっても、やはり体力がなければ、長続きしませんね。

大西　そういうことですね。やはり健康であることが、第一条件になってしまいますから。その上で、これは前にもお話しましたように、物事に素直に驚く才能、感動する才能のようなものが必要でしょう。その意味で、私達の世代頃までは、手にとって分かる、いわゆるアナログな機械がどこにでも転がっていましたから、それを分解したり、再度組立てたりして、何となく機械の構造が頭に入ってきたという経験があります。これは今の若い人達にはない、アドバンテージだといえるかもしれません。

❖好奇心の赴くままに

——そうですね、動作原理を知りたいと思って分解しても、中にあるのは半導体のチップだけですから、これでは何も分かりません。

大西　そこに重大なポイントがあると思うのです。私達が開発する場合でも、いきなりチップを作るわけではなく、もっともっと原始的な所、それこそ乾電池とモータで動く玩具から、その動きを確認した上で、一歩一歩進めていくわけです。工学は、大変泥臭い学問であって、何もかもコンピュータ上で結論が出るようなことには、なかなかならないと思います。
そもそも人間の存在そのものがアナログですから、そこから発想されるものは、やはりアナログ臭いものになるでしょう。自分の手で捏ね回したものしか信用できないというか、それしか新しい物を生み出す方法はないのですから。

――自分自身で自分のことが分からないのが人間だと思って、常日頃から自分を慰めているのですが、何より分からないのが、先生が繰り返しおっしゃっておられる驚きとか感動、あるいは、一般にいうところの好奇心というものですね。自分の好奇心がどこに向かっているのか、何をみたら驚き興奮するのか、なかなか捉えどころがないと思って、いつも不思議に感じているのです。

大西　いや、それは誰も分からないことではないでしょうか。ただ、幅広く学んだ人、それこそ「混ぜる文化」を体現しているような興味の幅が広い人は、さまざまな事象に対して、心が動くでしょうね。その人の中で、何らかのネットワークが張られているわけですから、その繋がり具合は、他人には決して分からないし、ご本人でも気付かない意外な要素が多いのではないでしょうか。

――これまでお話を伺ってきて、制御工学には、非常に数学的な色彩の強い部分があるように感じています。実際にこうした理論を証明されていく過程においては、随分と数学的な素養が必要なのではないかと思いました。

大西　そうですね、制御工学そのものが、工学部の中では比較的数学的な色合いの強いものであることは確かだと思います。しかし、最初にもお話しさせて頂いたように、私個人としては、「ものづくり」という言葉を従来のものよりも、かなり広く捉えているのです。

泥臭い実験を繰り返して、油まみれになって作っていくのも「ものづくり」なら、コンピュータ上のシミュレーションも「ものづくり」であり、純粋数学のようなものでも、それは理論を構築していくという意味での「ものづくり」に相当するだろうと思っています。

――それは、相当広い解釈ですね。

大西　そうかもしれませんが、たとえば、ブール代数や整数論のように、一体これをどう応用するのだろうと訝《いぶか》られた純粋数学の見本のようなものでも、今はコンピュータや暗号理論の基礎として、工学部でバリバリ扱われています。それらはすでに「ものづくり」の基礎、その一部として活用されているのです。私達の研究もまた、数学的な側面を強く持つ部分もあります。しかし、その志は「ものづくりの精神」に合致したものです。何かを標語的に唱えることは結構ですが、それが心の自由さ、発想の自由さを縛るものであっては、むしろ害悪になってしまいます。それだけは避けたいというのが本音です。

——そうしたことも踏まえて、大西研では自発的な学生の発案、アイデアの提供を促しておられるわけですね。先生が切り開かれた日本発の革新的技術を駆使して、次代を担う青年達には、是非とも世界を掴んで頂きたいものだと思います。「日本発で世界を掴め」です。

大西　綺麗にまとめて頂くと、そうなるかもしれません。学生諸君のアイデアに頼っているのは、単なる教授の怠慢かもしれませんが……しかし、日本発というのは大事なご指摘だと思います。

私達の研究も、偶然このような結果を得たというわけではありませんが、必然的……ともいえないと思います。何もかもが計算尽くで得られるわけではありません。やはり、人との出会いなども含めて偶然に左右される要素は非常に多いのですから、最初から結論を決めて掛かるような態度を取らずに、色々なことに興味を持って、色々なやり方で試してみることが大切ではないでしょうか。

大きな目標を立て、その目標に向かって進むことは重要ですが、その前には、やり抜くべき「小さな目標」もあるはずです。その小さな目標のさらにその前には、日常的な出来事があります。それらの一つひとつに驚き、感動する感性が大切です。これなくしては、どんな目標も達成することはできないでしょうし、人生の喜びといったものも得られないと思うのです。

もし、それが達成できるというのであれば、それは「硬いロボット」でも可能な、わざわざ人手を煩わすに及ばない機械的な仕事に過ぎないのではないかと思います。柔らかいロボットの究極の目標たる人間が、自ら硬いロボットになってしまっては、人類の大いなる後退といわざるを得ないでしょう。機械は、電気やガソリンによって動きますが、私達人間を動かすのは、驚きや感動という心の働きです。すべての教育は、このことを基本として考えるべきだと思っております。

工学は人を幸せにする学問ですから、当然、自分自身も人生の喜びを感じるような、そんな学び方をしなければなりません。そして、仲間とその喜びを分かち合い、多くの人の喜びが周囲を充たしていくことで、国全体が豊かになっていくのだと思います。人々が互いに助け合い、それでも足りない所はロボットが助けてくれる、病めるときも、老いたときにも、充分な拠り所を提供することができる社会システムを構築していくために、これからも微力を捧げていく覚悟です。

――色々な場所で、色々なお話を伺って参りました。日本発の技術であるハプティクスがもたらす社会の変革、我が国の未来像のようなものが、おぼろげながらも私にも見えてきたように思いました。ハプティクス、力触覚というものを主題にして、ここまで広範囲なお話が伺えるとは、この企画をはじめるまでは思ってもみませんでした。改めて御礼を申し上げます。ありがとうございました。

おわりに

工学は価値を追求する学問であるため、決して単純ではありません。常に社会と共にあり、時間の推移につれ実装の方法論が変わるのは宿命です。その中に通奏低音として響く真理を見出し、理想に向かって一段一段と結果を積み重ねていく過程が工学研究の真髄にほかなりません。そこには長い時間と深い考察が必要なことは他の学問と同じです。本書で概説しているリアルハプティクスは人間に取って第三のメディアとなるものであり、その及ぼす影響は計り知れないものがあります。今やその扉が開かれようとしていますが、一体どのような世界が待っているのか想像することすら容易ではありません。

本書をまとめていただいた吉田武先生は私にとって鮑叔のような友です。吉田武先生はリアルハプティクス技術の先導と案内役を務めて下さっています。得てして研究者は自分の辿った道をそのまま他人に伝えがちです。確かに九十九折の跡が偲ばれても、本質を理解し未来への展望を明らかにするには不親切以外の何物でもありません。古来より人々に思想を伝えるのにしばしば対話形式が使われてきたのは自然な理解を促すからでしょう。本書も偉大な先達であるプラトンやガリレオに少しでも近付こうとした苦心の結果なのです。もとより内容の責任は私にありますが、録音も取らずにリアルハプティクスの本質とそれが拓く未来の社会をわかりやすく書き下してこのような形にまとめることができたのは吉田先生が数学と物理の奥義を窮めているからです。

本書の企画から編集に至るまで吉田先生の優れたアイデアが詰まっています。それを実現していただいた東京電機大学出版局の吉田拓歩氏には座談の設定、資料の収集などあらゆる場面で御支援を頂きました。ここに心より感謝を申し上げるしだいです。

日吉・梁山泊にて

【著者紹介】

大西公平（おおにし・こうへい）

1980年東京大学大学院工学系研究科博士課程修了。工学博士。
同年慶應義塾大学工学部電気工学科助手。1996年より理工学部システムデザイン工学科教授。2001年IEEEフェロー，2004年IEEE Dr.-Ing. Eugene Mittelman Achievement Award，2008年電気学会業績賞，2011年電気学会フェロー，2012年日本学術会議会長賞，福澤賞，2016年紫綬褒章などを受賞。2015～2016年電気学会第102代会長などを歴任。2014年より日本学術会議会員。専門はハプティクスを含む電気電子工学。

「リアル」を掴む！　力を感じ、感触を伝えるハプティクスが人を幸せにする

2017年 2月20日　第1版1刷発行　　ISBN 978-4-501-42000-0 C3053

著　者　大西公平

発行所　学校法人 東京電機大学　〒120-8551　東京都足立区千住旭町5番
東京電機大学出版局　〒101-0047　東京都千代田区内神田1-14-8
Tel. 03-5280-3433（営業）03-5280-3422（編集）
Fax. 03-5280-3563 振替口座 00160-5-71715
http://www.tdupress.jp/

印刷：（株）加藤文明社　　製本：渡辺製本（株）
章扉・本文イラスト：広末有行　　装丁：鎌田正志
落丁・乱丁本はお取り替えいたします。　　Printed in Japan